Bernd Neubert

Leitidee:
Daten, Häufigkeit und Wahrscheinlichkeit

Aufgabenbeispiele und Impulse
für die Grundschule

Mildenberger

Bibliografische Information Der Deutschen Bibliothek

Die Deutsche Bibliothek verzeichnet diese Publikation in der Deutschen Nationalbibliografie; detaillierte bibliografische Daten sind im Internet über http://dnb.ddb.de abrufbar.

Bestell-Nr. 140-78 – ISBN 978-3-619-01478-1

www.mildenberger-verlag.de
E-Mail: info@mildenberger-verlag.de

Auflage	5	4	3	2
Jahr	2012	2021	2020	2019

Redaktion: Bettina Eckert
Grafik: Mildenberger Verlag GmbH

Druck: Druckhaus Nomos, 76547 Sinzheim
Gedruckt auf umweltfreundlichen Papieren.

Bezugsmöglichkeiten

Alle Titel des Mildenberger Verlags erhalten Sie unter: www.mildenberger-verlag.de oder im Buchhandel. Jede Buchhandlung kann alle Titel direkt über den Mildenberger Verlag beziehen.

Ausnahmen kann es bei Titeln mit Lösungen geben: Hinweise hierzu finden Sie in unserem aktuellen Gesamtprogramm.

Seite

Vorwort 5

Kapitel 1:
Daten erfassen und darstellen – Beschreibende Statistik 8

Erfassen von Daten 9

Darstellen von Daten – Grafische Darstellungen 14

Urliste – Strichliste – Tabelle 14

Diagramme 15

Statistische Maßzahlen 22

Stichproben und Hochrechnungen 24

Kapitel 2:
Fachliche Grundlagen zur Wahrscheinlichkeit 26

Zufall und Wahrscheinlichkeit 26

Grundbegriffe der Wahrscheinlichkeitsrechnung – Ergebnisse und Ereignisse 27

Zum Wahrscheinlichkeitsbegriff 28

Der klassische Wahrscheinlichkeitsbegriff 28

Statistische Wahrscheinlichkeit 30

Geometrische Wahrscheinlichkeit 30

Mehrstufige Zufallsexperimente – Pfadregeln 32

Kapitel 3:
Daten erfassen und darstellen in der Grundschule 37

Erste Erfahrungen beim Erfassen und Darstellen von Daten sammeln – Statistik von der ersten Schulwoche an 38

Verständnis für grafische Darstellungen entwickeln 40

Arbeiten mit grafischen Darstellungen 43

Entnehmen von Informationen (Interpretieren und Auswerten von Statistiken) 43

Anfertigen von grafischen Darstellungen 49

Vergleichen verschiedener Darstellungen des gleichen Sachverhalts 55

Seite

Eigene Datenerhebungen – Beobachtungen und Umfragen 58

Mittelwerte – Hochrechnungen – Stichproben 64

Mittelwerte in der Grundschule 64

Stichproben und Hochrechnungen in der Grundschule 67

Vernetzung mit anderen Leitideen – Entwicklung allgemeiner Kompetenzen 70

Vernetzung mit anderen Leitideen 70

Entwicklung allgemeiner Kompetenzen 71

Kapitel 4: Wahrscheinlichkeit und Zufall in der Grundschule 75

Gründe für die Behandlung von Wahrscheinlichkeit in der Grundschule 75

Ziele bei der Behandlung von Wahrscheinlichkeit für die Grundschule 77

Einordnung in den Unterricht 78

Zugänge zur Wahrscheinlichkeit 79

Aufgaben zur Wahrscheinlichkeit für die Grundschule 82

Zufällige und nicht zufällige Ereignisse 82

Vergleichen von Wahrscheinlichkeiten in Alltagssituationen 83

Aufgaben zu verschiedenen Zufallsgeneratoren 84

Aufgaben zum Vergleich zweier verschiedener Zufallsgeneratoren 102

Vergleich von strukturgleichen Aufgaben zu verschiedenen Zufallsgeneratoren 105

Vorstellungen und Lösungsstrategien von Grundschülern 107

Vernetzung mit anderen Leitideen – Entwicklung allgemeiner Kompetenzen 110

Daten, Häufigkeit, Wahrscheinlichkeit bereits in der Grundschule? Ist das überhaupt möglich?

Wenn ich meine Studentinnen und Studenten in Lehrveranstaltungen frage, wann sie das erste Mal mit dem Thema Wahrscheinlichkeit in Berührung gekommen sind, so lautet die Antwort in der Regel „In der Oberstufe". Erinnerungen an die Arbeit mit statistischen Inhalten reichen in frühere Schuljahre zurück.

„Daten, Häufigkeit und Wahrscheinlichkeit" sind Inhalte, die traditionell eher in der Sekundarstufe angesiedelt sind und dort bei nicht wenigen Schülerinnen und Schülern (und auch Lehrerinnen und Lehrern) ein gewisses Unbehagen auslösen. Als mögliche Ursachen werden häufig zu geringes inhaltliches Verständnis und ein zu später Einstieg genannt. Dies steht im Widerspruch zur großen Alltagsrelevanz der Themen auch schon für Grundschulkinder. Schon immer gab es Versuche, dem Thema von der Primarstufe an größere Bedeutung zu geben, die Resonanz in der Schulpraxis blieb aber eher gering.

Dies änderte sich mit den von der Kultusministerkonferenz beschlossenen und für alle Bundesländer verbindlichen Bildungsstandards. „Daten, Häufigkeit und Wahrscheinlichkeit" ist eine der fünf Leitideen, an denen sich die Entwicklung inhaltsbezogener mathematischer Kompetenzen von Schülerinnen und Schülern, in der Grundschule beginnend bis zu den Sekundarstufen, orientieren soll. Seitdem wird dies bei der Bearbeitung der Lehrpläne der einzelnen Bundesländer und auch in vielen Schulbüchern berücksichtigt. Dadurch sind Lehrerinnen und Lehrer im Unterricht jetzt stärker mit der Thematik konfrontiert, häufig mit keiner oder kaum Erfahrung durch die Ausbildung.

An dieser Stelle setzt dieses Buch an: Es bietet eine Einführung in die komplexe Thematik sowohl aus mathematischer als auch aus didaktisch-methodischer Sicht und ein Repertoire an Beispielen und Anregungen, die direkt im Unterricht genutzt werden können.

Die vier Kapitel des Buches gliedern sich in zwei Kapitel zum mathematischen Hintergrund und zwei Kapitel zu didaktisch-methodischen Grundlagen. In den ersten beiden Kapiteln ist der fachwissenschaftliche Hintergrund so aufbereitet, wie er zum Verständnis für die Thematik und zur Umsetzung im Unterricht in der Grundschule notwendig ist.

Das erste Kapitel befasst sich mit dem Thema „Daten erfassen und darstellen". Nach einer Auseinandersetzung mit dem „Was" und „Wie" beim Erfassen von Daten werden verschiedene Arten grafischer Darstellungen vorgestellt. Den Abschluss bilden die Themenkreise „Statistische Maßzahlen" (u. a. arithmetisches Mittel) und „Stichproben".

Im Mittelpunkt des zweiten Kapitels „Fachliche Grundlagen der Wahrscheinlichkeit" stehen einfache Grundbegriffe der Wahrscheinlichkeitsrechnung und Auffassungen zum Wahrscheinlichkeitsbegriff. Der letzte Abschnitt „Mehrstufige Zufallsversuche" soll dem interessierten Leser einen Einblick in die Fortsetzung der Wahrscheinlichkeitsrechnung in der Sekundarstufe I bieten.

Auch wenn die beiden Kapitel sich an Strukturen der Mathematik orientieren, sind viele der eingebauten Beispiele auch als Anregung für die Primarstufe zu verstehen.

Es ist auch möglich, sofort in die beiden Kapitel drei und vier einzusteigen, die sich mit den didaktisch-methodischen Fragen beschäftigen. Diese geben einen Überblick über die jeweilige Thematik. Die integrierten Beispiele sind als unmittelbare Anregung für den Unterricht gedacht, ohne den Lehrerinnen und Lehrern zu enge Vorgaben machen zu wollen. Didaktische Kommentare sollen den Planungsprozess für den Unterricht unterstützen.

Das dritte Kapitel „Daten erfassen und darstellen in der Grundschule" orientiert sich in seiner Struktur an folgenden „Eckpunkten", die für die Primarstufe besonders relevant sind:

- Erste Erfahrungen beim Erfassen und Darstellen von Daten sammeln – Statistik von der ersten Schulwoche an
- Verständnis für grafische Darstellungen entwickeln
- Arbeiten mit grafischen Darstellungen
- Eigene Datenerhebungen – Beobachtungen und Umfragen
- Mittelwerte und Hochrechnungen

Die Darstellungen geben Impulse für den Unterricht. Zahlreiche Beispiele können direkt eingesetzt werden. Außerdem werden Möglichkeiten zur Vernetzung der Statistik mit anderen Leitideen des Mathematikunterrichts und zur Entwicklung allgemeiner mathematischer Kompetenzen aufgezeigt.

Im vierten Kapitel „Wahrscheinlichkeit und Zufall in der Grundschule" werden die Bedeutung dieses Themas für die Grundschule erläutert, die dabei zu verfolgenden Ziele genannt und das Thema in den gesamten Unterricht eingeordnet. Der Abschnitt zur Bedeutung der Zugänge zur Wahrscheinlichkeit für die Grundschule leitet zu einer Sammlung an Aufgabenbeispielen über. Die Aufgaben sind nach Zufallsgeneratoren gegliedert, mit Kommentaren zum Einsatz im Unterricht verbunden und nach zunehmendem Schwierigkeitsgrad geordnet. Nach einem Exkurs zu Vorstellungen und Lösungsstrategien von Grundschülern werden wiederum Möglichkeiten zur Vernetzung von Wahrscheinlichkeit mit „Daten und Häufigkeit" und anderen Leitideen des Mathematikunterrichts sowie zur Entwicklung allgemeiner Kompetenzen aufgezeigt.

In das vorliegende Buch fließen unterschiedliche Erfahrungen ein: aus Lehrveranstaltungen an der Justus-Liebig-Universität Gießen und der Pädagogischen Hochschule Heidelberg, wissenschaftlichen Hausarbeiten und Lehrerfortbildungen in verschiedenen Bundesländern. Es wurden aber auch Erfahrungen und Erkenntnisse von Lehrerinnen und Lehrern aufgegriffen, die von großem Interesse und hoher Motivation ihrer Schülerinnen und Schüler bei der Behandlung dieser Themen berichteten. Ohne diese Anregungen wäre das Buch wohl nie entstanden. Zahlreiche daraus entstandene Ideen sind wesentliche Grundlage für die Beispiele in den beiden didaktisch-methodischen Kapiteln. Mein Dank gilt dafür besonders meinen ehemaligen Studentinnen Andrea Stein, Michaela Richter, Daniela Dennhöfer, Stefanie Mayer, Daniela Weisbach, Caterina Dehn, Carolin Pfeil, Elisabeth Breiter, Barbara Schimpf, Kathrin Lotz, Bettina Siegmund, Ulrike Hemme-Unger, Christina Perlefein, Rebecca Müller, Natalie Balzer und Katrin Müller, deren Ideen sich auch in den Aufgabenbeispielen wiederfinden.

Mein Dank gilt auch allen Kolleginnen und Kollegen aus Schulpraxis und Universität, die sich Zeit für Diskussionen nahmen und kritische Hinweise gaben. Ich bedanke mich auch bei meiner Kollegin Dr. Silke Thies für die gründliche Durchsicht des Manuskripts sowie bei Herrn Peter-Paul Post vom Mildenberger-Verlag, der mich in schwierigen Zeiten zur Weiterarbeit ermunterte.

Auch wenn das Buch vor allem den Lehrerinnen und Lehrern, die mit der Leitidee „Daten, Häufigkeit und Wahrscheinlichkeit" in der Schulpraxis konfrontiert sind, eine fachliche und didaktisch-methodische Grundlage bieten möchte, kann es sicher auch in beiden Phasen der Lehrerausbildung genutzt werden.

Vielleicht wird das Buch für Sie nicht nur zum Beginn einer Gedankenreise ähnlich der folgenden Geschichte, die von Fay Reinhardt und Julia Zahn zur Eröffnung einer Seminarsitzung zum Thema „Erfassen von Daten" verfasst wurde:

Stell dir vor …

Du bist seit einem Jahr im Schuldienst. Der Schulalltag gefällt dir prima, du bist engagiert und mit Leib und Seele dabei. Seit den Sommerferien hast du eine eigene Klasse. Deine Klasse bereitet dir jeden Tag große Freude und du genießt deine Lehrertätigkeit in vollen Zügen. Du gestaltest den Unterricht vielfältig und achtest dabei sorgfältig auf die Interessen deiner Schüler und Schülerinnen.

Jetzt, nach den Herbstferien, fällt dir jedoch auf, dass immer dieselben Kinder miteinander spielen. Um die Klassengemeinschaft weiter zu stärken, überlegst du, wie die Kinder sich mehr annähern können. Dir fällt dazu spontan ein super Projekt ein: die Durchführung einer Umfrage. Hierbei müssen die Schüler im Team arbeiten und du kannst gleichzeitig allgemeine sowie inhaltsbezogene mathematische Kompetenzen ausbilden.

Du erzählst deinen Kollegen von deiner Idee. Auch sie haben in ihren Klassen ähnliches Schülerverhalten beobachtet. Ihr möchtet dieses Projekt nun gemeinsam durchführen. Nur was muss man beim Durchführen einer Umfrage in der Grundschule beachten? Du sitzt nun mit deinen Kollegen beisammen und ihr tauscht eure Ideen aus.

Daten erfassen und darstellen – Beschreibende Statistik

Daten (lat. dare = geben) sind logisch gruppierte Informationseinheiten, die auch gespeichert und übertragen werden können. Der Begriff wird in der Regel im Plural verwendet, der Singular „Datum" (datum = das Gegebene) ist eher ungewöhnlich bzw. hat im Deutschen eine andere Bedeutung (Kalender). Die Verwendung des Plural weist darauf hin, dass es sich bei Daten immer um eine größere Anzahl handelt. Daten haben einen hohen Informationswert. Die zu vermittelnden Informationen können jedoch nur dann optimal genutzt werden, wenn sie strukturiert und in geeigneten Darstellungsformen vorliegen. Daten stehen im Mittelpunkt des Interesses der (beschreibenden) Statistik.

Der Begriff „Statistik" geht auf das lateinische Wort „status" zurück, welches etwa Zustand, Lage oder Verfassung bedeutet. Mit ihm verbinden sich inhaltlich und umgangssprachlich zwei Bedeutungen. Zum einen geht es um die (mathematische) Disziplin Statistik, also um die *Bezeichnung einer Wissenschaft*, zum anderen um *Zahlenmaterial aus Erhebungen über bestimmte Erscheinungen*, also um das Ergebnis einer Tätigkeit.

Die Ursprünge der Statistik liegen weit zurück. Im Allgemeinen werden für die (beschreibende) Statistik drei Quellen angegeben: die *Amtliche Statistik*, die *Politische Arithmetik* und die *Universitätsstatistik*. Die Amtliche Statistik beschäftigt sich mit der Gewinnung von Informationen darüber, wie die organisierte Gesellschaft am besten verwaltet werden kann. Einfache statistische Erhebungen wurden schon 3 000 v. Chr. gemacht. So führten beispielsweise die Pharaonen in Ägypten Volkszählungen, Landvermessungen und Viehbestandszählungen durch. Im 17. und 18. Jh. kamen die Politische Arithmetik und die Universitätsstatistik als zwei neue Teildisziplinen hinzu. Für die Politische Arithmetik waren nicht Einzelerscheinungen wichtig, sondern zu (homogenen) Klassen zusammengefasste Massenerscheinungen. Man fragte nach Ursachen und Regelmäßigkeiten. So versuchte man durch Vergleich von Geburtenhäufigkeiten und Sterbezahlen die Bevölkerungsentwicklungen zu beobachten. Mit Universitätsstatistik ist die an Universitäten vertretene wissenschaftliche Disziplin gemeint, die im 17. Jh. entstand. Neue Verfahren und Möglichkeiten entwickelten sich im 20. Jh. mit den Methoden der Wahrscheinlichkeitstheorie. Dies ist auch als Beginn der *mathematischen Statistik* anzusehen. Heute ist die Statistik für viele Wissenschaftszweige zu einer unentbehrlichen Hilfswissenschaft geworden und spielt auch im Leben des einzelnen Menschen eine wichtige Rolle (vgl. dazu auch Kütting/Sauer 2011, S. 1 ff.).

Historisch gewachsen ist eine Unterscheidung in beschreibende (deskriptive) und beurteilende (induktive) Statistik. Die **beschreibende Statistik** befasst sich mit der zahlenmäßigen Erfassung von Daten zu bestimmten Sachverhalten, deren Aufbereitung und einer ersten vorsichtigen Interpretation. In der **beurteilenden Statistik** werden Vorgänge mit wahrscheinlichkeitstheoretischen Methoden erfasst. Sie befasst sich vorwiegend mit dem Testen wahrscheinlichkeitstheoretischer Hypothesen und Schätzen von Parametern.

Entsprechend der Zielsetzung dieses Buches konzentrieren sich die weiteren Ausführungen auf die beschreibende Statistik.

Betrachtet man ein Diagramm in einem Buch oder einer Zeitung, so sieht man dieser grafischen Darstellung nicht unbedingt den Aufwand an, der bis zum Anfertigen einer solchen notwendig war. Das Erfassen und Darstellen von Daten erfordert eine Reihe von Überlegungen und Arbeitsschritten. So muss man sich vor dem Erfassen darüber im Klaren sein, **was** man überhaupt untersuchen möchte und **wie** dies durchgeführt werden kann. Nach dem Erfassen der Daten ist zu überlegen, **wie** die Daten sinnvoll dargestellt werden und **welche Schlüsse** daraus gezogen werden können. Der Umgang mit diesen Fragestellungen soll in diesem Kapitel genauer beleuchtet werden. Dabei werden auch einige grundlegende, in der beschreibenden Statistik verwendete Begriffe geklärt, die als Hintergrundwissen für den Lehrer zu verstehen sind. Hinweise zur Umsetzung im Unterricht erfolgen im Kapitel „Daten erfassen und darstellen in der Grundschule“.

Erfassen von Daten

Ausgangspunkt für das Erfassen und Darstellen von Daten ist eine zentrale Fragestellung. Ein Beispiel für die Datenerfassung ist die Volkszählung „Zensus 2011“. Deren Ziel war es, zum festgelegten Stichtag 9. Mai 2011 eine möglichst genaue Momentaufnahme an Basisdaten zur Bevölkerung, zur Erwerbstätigkeit und zur Wohnsituation zu liefern. Dazu wurden Fragebogen erstellt, die von Teilen der Bevölkerung beantwortet werden mussten.

Das Erfassen von Daten wird auch als statistische Erhebung bezeichnet. Dabei werden die Elemente einer vorgegebenen Menge, die auch als **Merkmalsträger** oder **statistische Einheiten** bezeichnet werden, auf eine interessierende Eigenschaft hin betrachtet, die sich aus der Fragestellung ergibt. Die zu untersuchende Menge wird in der beschreibenden Statistik als **Grundgesamtheit** oder **statistische Masse** bezeichnet, die Eigenschaft als Identifikationsmerkmal. Für jedes **Identifikationsmerkmal** müssen mögliche Werte (Kategorien) gefunden werden, die dieses annehmen kann. Diese Werte nennt man **Merkmalsausprägungen** (Modalitäten).
An zwei Beispielen, die auch für den Unterricht in der Grundschule denkbar sind, werden diese Begriffe nun konkretisiert.

Beispiel 1: Würfeln mit einem Würfel
Beim mehrmaligen Würfeln mit einem Spielwürfel wird bei jedem Wurf die Augenzahl erfasst.

Beispiel 2: Lieblingstier
In einer Grundschulklasse wird das Lieblingstier der einzelnen Kinder erfasst.

Bei Beispiel 1 sind die Merkmalsträger die einzelnen Würfe, die Grundgesamtheit ist die Menge aller Würfe. Das Identifikationsmerkmal des einzelnen Wurfs ist die gewürfelte Augenzahl. Merkmalsausprägungen sind die Augenzahlen 1 bis 6 auf den Flächen des Würfels.

Bei Beispiel 2 sind die Merkmalsträger die einzelnen Kinder, die Grundgesamtheit ist die Menge aller Kinder der Klasse. Das Identifikationsmerkmal des einzelnen Kindes ist sein

Lieblingstier. Merkmalsausprägungen sind die konkreten Tiere.
In einer statistischen Untersuchung wird angestrebt, jedem Merkmalsträger aus der Grundgesamtheit eine Merkmalsausprägung des Merkmals zuzuordnen. Um die Auswertung der Daten effektiv zu gestalten, werden häufig vor der Datenerfassung (Planungsphase) mögliche Merkmalsausprägungen vorgegeben. Lässt sich jedem Merkmalsträger eine solche Merkmalsausprägung zuordnen, so heißt ein Merkmal erschöpfend bezüglich der Grundgesamtheit. Gibt man bei Beispiel 1 die Zahlen 1 bis 6 als Merkmalsausprägungen für das Merkmal „Augenzahl" vor, ist dies der Fall, da man jedem Wurf eine dieser Augenzahlen zuordnen kann. Bei Beispiel 2 ist dies schwieriger. Die Vorgabe von Tieren wie Hund, Katze und Pferd als Merkmalsausprägungen wird in der Regel nicht dazu führen, dass das Merkmal „Lieblingstier" erschöpfend in der Menge der Kinder einer Klasse wird, da es Kinder geben kann, die noch andere Lieblingstiere als die vorgegebenen haben (die man bei der Unterrichtsplanung nicht unbedingt kennen kann). Um ein Merkmal zu einem erschöpfenden zu machen, ergänzt man das Merkmal „Lieblingstier" um weitere Ausprägungen (Lieblingstiere, die die Kinder der Klasse nennen) oder fügt die Ausprägung „Sonstige" hinzu. Durch Hinzufügen der Merkmalsausprägung „Sonstige" kann man ein Merkmal stets zu einem erschöpfenden Merkmal machen.

Identifikationsmerkmale können von unterschiedlicher Art sein. Es werden drei Merkmalstypen unterschieden: Qualitative Merkmale, Rangmerkmale und quantitative Merkmale.

Qualitative Merkmale (nominalskalierte Merkmale) sind dadurch gekennzeichnet, dass ihre Merkmalsausprägungen nur Beschreibungen sind, d. h. man kann lediglich feststellen, ob diese bei einer statistischen Einheit zutreffen oder nicht. Die Merkmalsausprägungen stehen gleichberechtigt nebeneinander, lassen sich in keine Reihenfolge bringen und sind nicht messbar. Beispiele für qualitative Merkmale sind Haarfarbe, Beruf, Staatsangehörigkeit, Lieblingstier oder Augenzahlen beim Würfeln.

Rangmerkmale (ordinalskalierte Merkmale) sind dadurch gekennzeichnet, dass sich ihre Merkmalsausprägungen in eine Reihenfolge bringen lassen. Die Abstände zwischen verschiedenen Ausprägungen sind aber nicht unbedingt gleich und nicht mathematisch interpretierbar. Folglich kann man mit ihnen auch nicht rechnen. Beispiele für Rangmerkmale sind Schulnoten, Güteklassen bei Wein oder Handelsklassen bei Obst.

Quantitative Merkmale (metrischskalierte Merkmale) sind dadurch gekennzeichnet, dass ihre Merkmalsausprägungen in einer festen Reihenfolge angeordnet und die Abstände zwischen den einzelnen Merkmalsausprägungen mathematisch interpretierbar sind. Die quantitativen Merkmale haben als Ausprägungen reelle Zahlen (mitunter auch Teilmengen der reellen Zahlen). Erst die quantitativen Merkmale erlauben Vergleiche, Summen- und Differenzenbildungen sowie die Berechnung des arithmetischen Mittels (vgl. S. 22 f.). Beispiele für quantitative Merkmale sind Körpergröße, Alter, Masse (Gewicht) oder die Anzahl der Autos in einem bestimmten Land.
Zählt man bei den Merkmalsausprägungen für jede Ausprägung aus, wie oft sie auftritt, so erhält man die absolute Häufigkeit dieser

Merkmalsausprägung. Es entsteht eine Häufigkeitsverteilung. Die **absolute Häufigkeit** $H_n(x_i)$ einer Merkmalsausprägung x_i ist die Anzahl der statistischen Einheiten, die diese Merkmalsausprägung x_i aufweisen.

Für Vergleiche innerhalb einer Datenmenge besser geeignet ist die Angabe der relativen Häufigkeit. Die relative Häufigkeit drückt den Anteil der absoluten Häufigkeit einer Merkmalsausprägung an der Summe der absoluten Häufigkeiten aller Merkmalsausprägungen aus. Die **relative Häufigkeit** $h_n(x_i)$ einer Merkmalsausprägung x_i lässt sich als Quotient aus der absoluten Häufigkeit dieser Merkmalsausprägung x_i und der Summe n der absoluten Häufigkeiten aller Merkmalsausprägungen berechnen:

$$h_n(x_i) = \frac{H_n(x_i)}{n}$$

Beispiel 3: Würfeln mit einem Spielwürfel
Beim 50-maligen Würfeln mit einem Spielwürfel werden 6-mal die 1, 8-mal die 2, 10-mal die 3, 8-mal die 4, 7-mal die 5 und 11-mal die 6 gewürfelt.
Wie groß sind absolute und relative Häufigkeit für die Augenzahlen von 1 bis 6?

Für die Augenzahl 1 beträgt die absolute Häufigkeit 6, die Summe n der absoluten Häufigkeiten beträgt, entsprechend der Gesamtzahl der Würfe, 50. Damit lässt sich die relative Häufigkeit unter Anwendung obiger Formel wie folgt berechnen:

$$h_n(x_i) = \frac{6}{50} = 0{,}12$$

Die absoluten und relativen Häufigkeiten für die anderen Augenzahlen sind in der Tabelle zusammengestellt:

Augenzahl	Absolute Häufigkeit	Relative Häufigkeit	Relative Häufigkeit in %
1	6	0,12	12
2	8	0,16	16
3	10	0,2	20
4	8	0,16	16
5	7	0,14	14
6	11	0,22	22

Die relative Häufigkeit wird oft auch in Prozent angegeben. Die Summe aller relativen Häufigkeiten ist gleich 1.

Fasst man die Überlegungen nach dem **„Was“** beim Erfassen von Daten zusammen, so geht es vor allem um die Beantwortung der folgenden Fragen:

- *Was will ich überhaupt wissen?*
- *Welche Merkmalsträger (Grundgesamtheit) werden dazu untersucht?*
- *Welche Identifikationsmerkmale sind von Interesse?*
- *Welche Merkmalsausprägungen können auftreten?*

Im Folgenden wird auf einige Fragen eingegangen, die für das Vorgehen bei der Erfassung von Daten relevant sind und das **„Wie“** betreffen.

Daten können auf unterschiedliche Weise erfasst werden. Beschränkt man sich allein auf Möglichkeiten, die in der Grundschule durchführbar erscheinen, so sind das mindestens Zählvorgänge (z. B. im Klassenraum oder bei einer Verkehrszählung), Beobachtungen (z. B. Wetterdaten oder Wachstum einer Pflanze) oder Befragungen. Diese Möglichkeiten können noch weiter ausdifferenziert werden. An dieser Stelle sollen Befragungen genauer betrachtet werden. Bei Befragungen kann zwischen verschiedenen Formen der Durchführung unterschieden werden. Beispielsweise gibt es mündliche Befragungen, schriftliche Befragungen, Telefoninterviews oder internetgestützte Befragungen.

Unabhängig von der Vorgehensweise muss über das „Wie“ der Erfassung der Merkmalsausprägungen nachgedacht werden. Für Befragungen bedarf vor allem die Wahl der Art der Fragen gründlicher Überlegungen. So muss man entscheiden, ob geschlossene oder offene Fragen gestellt werden. Bei geschlossenen Fragen werden alle möglichen (oder interessierenden) Antworten ausformuliert und vorgegeben. Die Zahl der Antwortalternativen sollte überschaubar bleiben. Geschlossene Fragen lassen sich aufgrund der vorgegebenen Antwortmöglichkeiten schneller und leichter auswerten als offene Fragen.

Beispiel 4:
In welchem Monat hast du Geburtstag?
Kreuze an.

Januar ☐	Mai ☐	September ☐
Februar ☐	Juni ☐	Oktober ☐
März ☐	Juli ☐	November ☐
April ☐	August ☐	Dezember ☐

Nicht immer ist die Vorgabe möglicher Merkmalsausprägungen so klar und eindeutig wie im Beispiel „Geburtsmonat“. Ziel ist es, Merkmalsausprägungen so vorzugeben, dass ein Merkmal möglichst erschöpfend beantwortet wird. Wie bereits dargestellt, kann man dies durch Hinzufügen der Kategorie „Sonstige“ bzw. „Andere“ erreichen. Tritt diese Antwort aber zu häufig auf, ist dies Indiz dafür, dass die vorgegebenen Kategorien nicht angemessen ausgewählt wurden.

Der Erfassungsbogen zum Erfassen der Kennzeichen der vorbeifahrenden Autos bei einer Verkehrszählung zeigt, wie auch Drittklässler schon geschickt mit dieser Problematik umgehen können. Die Kennzeichen des Kreises, in dem die Zählung stattfand, und von Nachbarkreisen, aus denen ebenfalls mit vielen Fahrzeugen gerechnet wurde, wurden als Merkmalsausprägungen vorgegeben. Die Anzahl von Fahrzeugen aus weiteren Kreisen wurde unter „Andere“ erfasst.

Beispiel 5:
Aus welchen Kreisen kommen die Fahrzeuge?

GI	MR	VB	LDK	Andere

Bei der Festlegung der Antwortmöglichkeiten für geschlossene Fragen muss man überlegen, ob diese eindeutig sind oder auch Mehrfachnennungen ermöglichen.

Fragt man beispielsweise Kinder, welche Tiere sie zu Hause haben, gibt es bestimmt in jeder Klasse einige, die als Antwort auf diese Frage mehrere Tiere angeben.

Beispiel 6:
Welche Tiere gibt es bei euch zu Hause?
Kreuze an.

Hund ☐
Katze ☐
Pferd ☐
Vogel ☐
Hase ☐

Dem geschlossenen Fragetyp steht der Typ der offenen Fragen gegenüber. Im Gegensatz zu den geschlossenen werden bei den offenen Fragen lediglich die Fragen und nicht die Antwortmöglichkeiten vorgegeben. Offene Fragen sind vor allem dann sinnvoll, wenn man wenig über in den Antworten zu erwartende Merkmalsausprägungen voraussagen kann. Bei diesem Fragetyp muss der Befragte mit eigenen Worten antworten.

Beispiel 7:
Welche Lieblingsspeise hast du?

____

Offene Fragen erfordern erheblich mehr Aufwand bei der Auswertung der Daten. Zur Auswertung müssen alle Antworten der Befragten in irgendeiner Weise zusammengefasst werden, auch wenn diese sich inhaltlich sehr stark voneinander unterscheiden. Mitunter sind die unterschiedlichen Antworten der Befragten nur schwer vergleichbar. Hier muss man überlegen, wie weit man Merkmalsausprägungen ausdifferenziert. Bekommt man bei der Erfassung der Lieblingsspeise von jeder befragten Person ein anderes Gericht genannt, lassen sich diese Daten nur schwer weiterverarbeiten. Hier ist eine Zusammenfassung zu allgemeineren Merkmalsausprägungen unter Verwendung von Oberbegriffen wie Nudelgerichte, Suppen usw. ratsam. Eine Zwischenlösung dieser beiden Formen von Fragen stellen halboffene Fragen dar. Dieser Typ von Fragen ist eine Kombination aus offenen und geschlossenen Antwortvorgaben und bietet die Möglichkeit, zusätzlich zu den formulierten Antwortvorgaben bei Bedarf eine andere Antwort aufzuführen.

Beispiel 8:
Welches ist dein Lieblingstier? Kreuze an.

Hund ☐
Katze ☐
Pferd ☐
Hase ☐
Wellensittich ☐

Wenn du ein anderes Lieblingstier hast, schreibe es auf.

____

Darstellen von Daten – Grafische Darstellungen

Um einen besseren Überblick über die erfassten Daten zu bekommen, müssen diese in eine sinnvolle Struktur gebracht werden. Dazu können verschiedene grafische Darstellungsmöglichkeiten genutzt werden. Grafische Darstellungen sind wichtige Hilfsmittel der beschreibenden Statistik. Das Ziel der Arbeit mit grafischen Darstellungen ist es, wichtige Informationen hervorzuheben. Grafische Darstellungen beschreiben und strukturieren somit das Datenmaterial. Man spricht bei der Beschreibung und Strukturierung der Daten auch von einer **Aufbereitung der Daten**. Informationen werden so vermittelt, dass der Betrachter Wesentliches möglichst schnell erkennen kann. Die Aufbereitung von Daten kann mit verschiedenen Zielen verbunden sein. So kann es um einen Gesamtüberblick über die erfassten Daten gehen, in einem anderen Fall interessieren genaue Werte oder ein Vergleich von Einzelergebnissen mit der Gesamtzahl. Schließlich könnte Interesse an der Entwicklung spezieller Daten bestehen. Für verschiedene Zwecke sind einzelne grafische Darstellungsmöglichkeiten unterschiedlich gut geeignet.
Im folgenden Abschnitt werden einige auch für die Grundschule relevante Darstellungsmöglichkeiten vorgestellt. Zum besseren Verständnis und Vergleich wird für die Erklärung einiger Darstellungsmöglichkeiten so weit möglich und sinnvoll das gleiche Beispiel genutzt.

Beispiel 1:
Auf einem Klassenfest wurden Luftballons aufgeblasen. 7 sind rot, 6 blau, 4 gelb, 6 grün, 2 violett.
Stelle den Sachverhalt anschaulich dar.

Urliste – Strichliste – Tabelle

Die Aufstellung aller ermittelten Daten einer statistischen Erhebung wird als Urliste bezeichnet. Werden die Beobachtungswerte so notiert, wie sie sich nacheinander ergeben, so spricht man von einer „unsortierten Urliste“. Oft werden die Stichprobenwerte aber schon während der Datenerhebung nach möglichen Merkmalsausprägungen geordnet. Dazu verwendet man häufig Strichlisten, die meist in tabellarischer Form angelegt werden.
Für Beispiel 1 ist folgende Strichliste sortiert nach Merkmalsausprägungen denkbar:

Farbe	
rot	||||| ||
blau	|||||	
gelb	||||
grün	|||||	
violett	||

Die Anzahl der Striche in einer Zeile gibt die absolute Häufigkeit für eine Merkmalsausprägung an.
Eine **Tabelle** ist eine geordnete Zusammenstellung von Texten oder Daten. Die darzustellenden Inhalte werden dabei in Zeilen und Spalten gegliedert, die grafisch aneinander ausgerichtet werden.

Eine Tabelle, die jeder Merkmalsausprägung ihre Häufigkeit zuordnet, heißt **Häufigkeitstabelle**. In ihr werden die absoluten Häufigkeiten bzw. relativen Häufigkeiten der einzelnen Merkmalsausprägungen angegeben.

Häufigkeitstabelle zu Beispiel 1		
Farbe	Absolute Häufigkeit	Relative Häufigkeit
rot	7	0,28
blau	6	0,24
gelb	4	0,16
grün	6	0,24
violett	2	0,08

Auch das Betrachten von mehreren Merkmalen und deren Verhältnis zueinander kann in einer Tabelle dargestellt werden. In der Grundschule erfolgt das unter anderem bei der Behandlung von Größen, wenn beispielsweise Gewicht und Volumen eines Körpers oder Preis und Gewicht bzw. Anzahl bei Einkaufssituationen in einer Tabelle erfasst werden.

Tabellen geben Informationen in der Regel ohne Datenverlust wieder. Dies ist für Sachverhalte wichtig, bei denen es auf hohe Genauigkeit ankommt und auch Nachkommastellen interessant sind. Tabellen sind aber nicht immer leicht zu lesen. Um einen Überblick über die Verteilung der Daten zu erhalten, muss man eine Tabelle erst genau studieren. Dies stellt einen Nachteil gegenüber anderen grafischen Darstellungsformen, zum Beispiel den verschiedenen Arten an Diagrammen, dar.

Diagramme

Der Begriff „Diagramm" kommt aus dem Griechischen und bedeutet so viel wie „Umriss". Diagramme sind zweidimensionale Darstellungen verschiedener (meist zwei) zusammenhängender Messgrößen. Durch Diagramme werden Zahlen anschaulich gemacht. Nach psychologischen Studien bleiben Informationen, die in einem Diagramm (in Grafiken allgemein) dargestellt sind, besser im Kurzzeitgedächtnis haften als z.B. bei Tabellen. Man sollte bei Diagrammen immer darauf achten, wie man die Daten anordnet. Je deutlicher ein Muster zu erkennen ist, desto besser können Informationen behalten werden. Der Nachteil von Darstellungen in Diagrammen liegt mitunter in Ungenauigkeiten. Die Werte sind nicht immer ganz genau einzuzeichnen. Dadurch können Teile der Informationen verloren gehen. Deshalb werden bei Diagrammen häufig zusätzlich zur grafischen Darstellung noch die dargestellten Werte in das Diagramm geschrieben.

Im Folgenden werden verschiedene Arten von Diagrammen beschrieben. Die Bezeichnungen für die einzelnen Arten werden in der Literatur (auch in Schulbüchern) nicht einheitlich verwendet. Den folgenden Ausführungen liegt eine Terminologie zu Grunde, die auch für die Aufgaben der Bildungsstandards benutzt wird.

Stabdiagramm – Streifendiagramm – Balkendiagramm – Säulendiagramm

Stab-, Streifen-, Balken- und Säulendiagramme ermöglichen einen schnellen Vergleich über die dargestellten Daten durch direkte, visuelle Wahrnehmung.

Das **Stabdiagramm** verwendet Stäbe (Stre-

cken) in einem rechtwinkligen Koordinatensystem, wobei eine Achse, meist die senkrechte y-Achse, als Skala für die Häufigkeiten dient. Auf der anderen Achse, meist der waagerechten x-Achse, werden die Merkmalsausprägungen notiert. Die Stablänge gibt die absolute bzw. relative Häufigkeit der Merkmalsausprägung an.
Die nachfolgende Abbildung zeigt ein Stabdiagramm zu den Daten des Beispiels zum Aufblasen der Luftballons. An der x-Achse sind die Farben als Merkmalsausprägungen angetragen, an der y-Achse die absoluten Häufigkeiten.

Stabdiagramm zu Beispiel 1

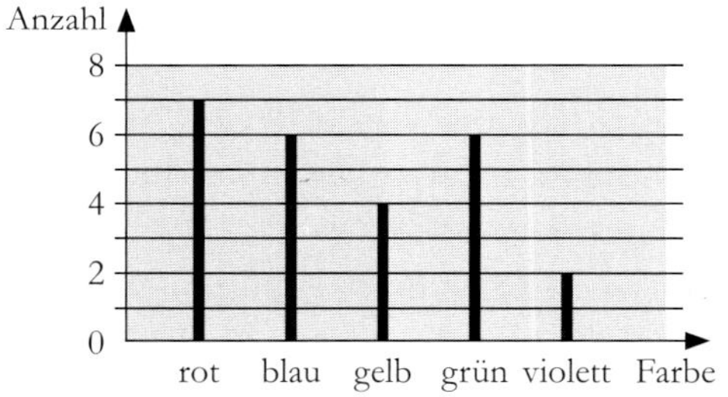

Stabdiagramme sind sehr anschaulich und ermöglichen einen schnellen Überblick über die Verteilung der erfassten Daten. Vor allem Vergleiche zwischen Häufigkeiten der dargestellten Merkmalsausprägungen sind schnell möglich. Ohne lange Betrachtungen erkennt man: Es wurden mehr rote Luftballons als blaue aufgeblasen.
Bei qualitativen Merkmalen kann die Einteilung der waagerechten Achse (Merkmalsausprägungen) beliebig gewählt werden. Aus optischen Gründen ist es allerdings zu empfehlen, gleich große Abstände zwischen den Stäben zu lassen. Bei Rangmerkmalen hat die Einteilung der Anordnung der Merkmalsausprägungen zu entsprechen (vgl. S. 10).

Zur „optischen Aufbesserung" werden häufig Rechtecke bzw. Quader als Stäbe verwendet. Es entstehen Streifen- bzw. Säulendiagramme. Bei **Streifendiagrammen** wird für die Häufigkeit jeder Merkmalsausprägung statt eines Stabes ein Rechteck eingezeichnet. Alle Rechtecke sollten dieselbe Breite haben, da man vordergründig nicht die Höhe der Rechtecke sondern die Fläche wahrnimmt.

Streifendiagramm zu Beispiel 1

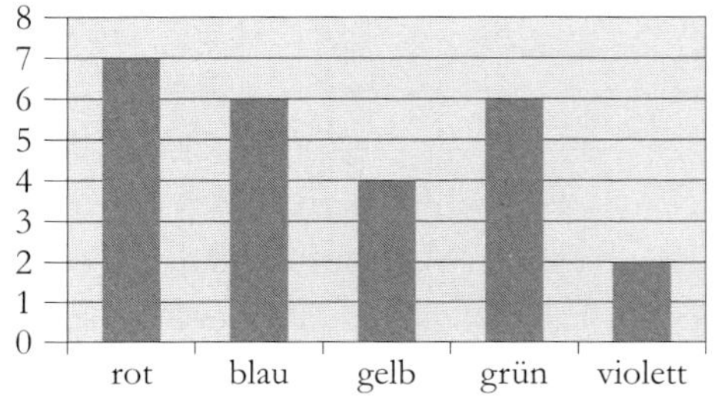

Für Streifendiagramme findet man in der Literatur auch die Bezeichnung Säulendiagramme. In Anlehnung an die Bezeichnung der in den Bildungsstandards für die Primarstufe verwendeten Terminologie wird hier der Begriff Streifen für ein Flächengebilde in Abgrenzung von der Säule als Körper verwendet. Wenn die Streifen horizontal angeordnet sind, wird diese Art von Streifendiagramm häufig auch als **Balkendiagramm** bezeichnet.

Balkendiagramm zu Beispiel 1

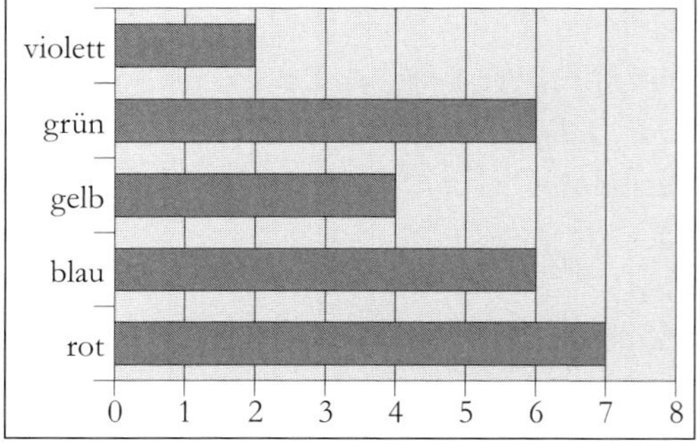

Bei (echten) **Säulendiagrammen** werden zur Darstellung dreidimensionale Gebilde genutzt. Dafür sind verschiedene geometrische Körper möglich. Am häufigsten werden Quader oder Zylinder verwendet:

Säulendiagramme zu Beispiel 1

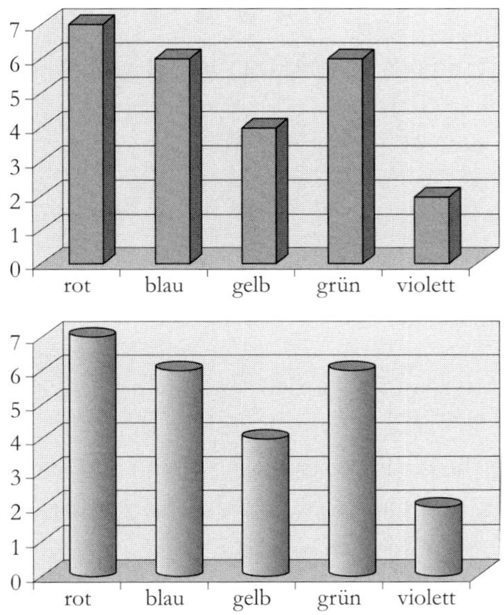

Block- und Kreisdiagramm

Block- und Kreisdiagramme nutzen die Fläche als Mittel der Veranschaulichung. Es erfolgt eine Zuordnung jeder Merkmalsausprägung zu einem Teilrechteck bzw. Kreissektor. Bei einem Blockdiagramm unterteilt man ein Rechteck mit der Breite b und der Länge a in Teilrechtecke für die relativen Häufigkeiten der darzustellenden Merkmalsausprägungen. Die Wahl von a und b ist beliebig. Das Teilrechteck für die Merkmalsausprägung x_i hat dieselbe Breite b und die Länge l_i, die sich berechnet nach $l_i = h_n(x_i) \cdot a$.

Dies wird am Beispiel des Teilrechtecks, das die Anzahl der roten Luftballons (7 von 25) repräsentiert, erläutert:

Wir wählen für die Darstellung des gesamten Blockdiagramms ein Rechteck der Länge a = 10 cm. Die Länge des Teilrechtecks berechnet man dann wie folgt:

$$l_i = \frac{7}{25} \cdot 10 \text{ cm} = 2{,}8 \text{ cm}$$

Die Flächeninhalte der jeweiligen Teilrechtecke symbolisieren entsprechende relative Häufigkeiten.

Blockdiagramm zu Beispiel 1

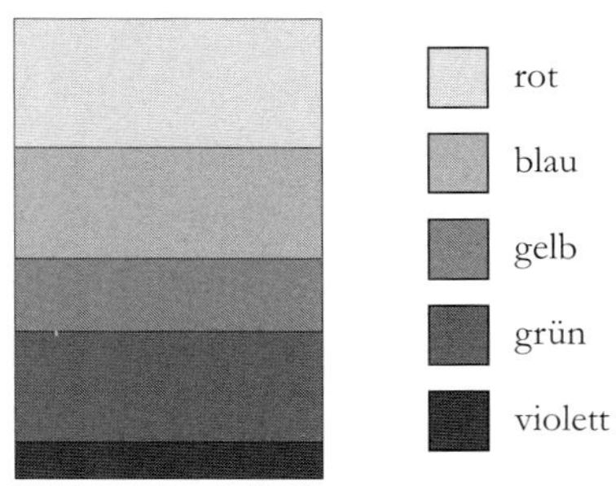

Will man verschiedene Blockdiagramme vergleichen, ist es erforderlich, die zu vergleichenden Rechtecke mit derselben Breite zu wählen.

Bei **Kreisdiagrammen** wird die Fläche eines Kreises in Kreissektoren unterteilt, wobei jeder Kreissektor eine Merkmalsausprägung veranschaulicht. Da die Kreisflächen sich proportional zu den Winkeln der Kreissektoren verhalten, sind diese die wesentlichen Parameter zum Zeichnen eines Kreisdiagramms. Der Winkel α_i eines Kreissektors lässt sich folgendermaßen berechnen: $\alpha_i = h_n(x_i) \cdot 360°$, $h_n(x_i)$ ist die relative Häufigkeit der Merkmalsausprägung x_i.

Berechnung des Winkels für den Kreissektor, der die grünen Luftballons repräsentiert (6 von insgesamt 25) aus Beispiel 1:

$$\alpha_i = \frac{6}{25} \cdot 360° = 86{,}4°$$

Kreisdiagramm zu Beispiel 1

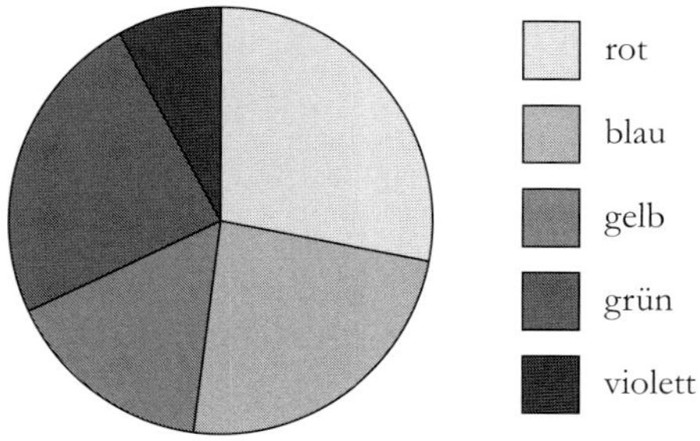

Aus Block- und Kreisdiagrammen lassen sich Beziehungen zwischen der Gesamtanzahl der Ergebnisse (gesamte Rechteck- bzw. Kreisfläche) und den jeweiligen Einzelergebnissen (Teilrechtecke bzw. Kreissektoren) schnell erfassen. Auch die relativen Häufigkeiten der Merkmalsausprägungen kann man vergleichen, absolute Häufigkeiten werden dagegen nicht ersichtlich. Zur Erleichterung des Lesens werden häufig an die jeweiligen Kreissektoren die zugehörigen absoluten oder relativen Häufigkeiten (meist als Prozentzahlen) geschrieben.

Piktogramm

Unter einem **Piktogramm** (in Grundschulbüchern häufig als Bilddiagramm bezeichnet) versteht man die Veranschaulichung von Häufigkeiten anhand von Symbolen, Figuren oder Abbildungen zur Darstellung von statistischen Daten. Bei kleinen Anzahlen repräsentiert ein Symbol in der Regel eine grundlegende Einheit der Merkmalsausprägung. Die Bilder stellen damit einen direkten Bezug zu den dargestellten Zahlen her.

Piktogramm zu Beispiel 1

In unserem Beispiel wird durch die entsprechende Anzahl an Luftballons dargestellt, wie oft jede Merkmalsausprägung auftritt.

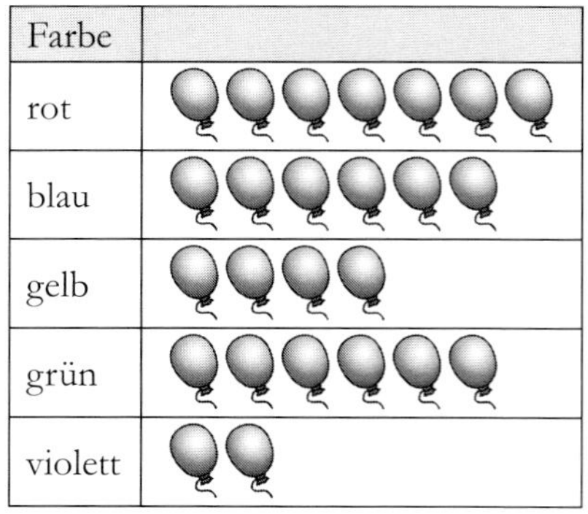

Piktogramme werden aber auch verwendet, wenn größere Anzahlen als in Beispiel 1 veranschaulicht werden sollen. Dann reicht meist der Platz nicht, um für jeden Merkmalsträger ein Symbol zu verwenden.

In der folgenden Tabelle ist die Anzahl der Zuschauerplätze großer deutscher Fußballstadien dargestellt. (Quelle: Kicker-Sportmagazin, Sonderheft 2010/11)

Ort	Zuschauerplätze
Dortmund	80 720
Berlin	74 244
München	69 000
Gelsenkirchen	61 673
Hamburg	57 000
Mönchengladbach	54 057
Frankfurt	51 500
Köln	50 000
Hannover	49 000
Nürnberg	48 548
Kaiserslautern	48 500
Bremen	42 100

Für das Übertragen in ein Piktogramm wurden die Werte auf volle 10 000 gerundet und für 10 000 Zuschauerplätze ein Symbol gewählt.

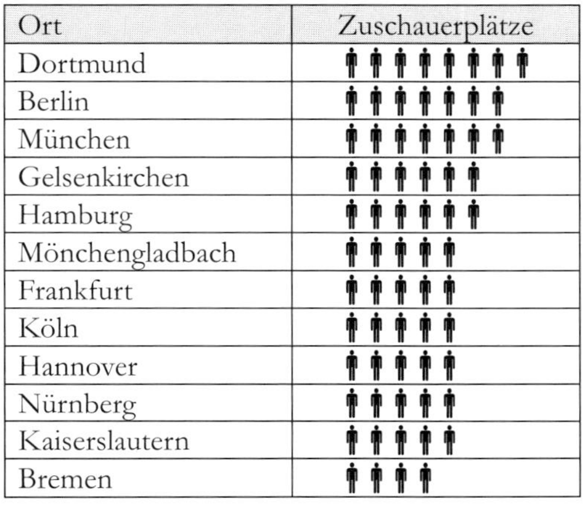

Der Unterschied von fast 6 000 Plätzen zwischen Mönchengladbach und Kaiserslautern kommt in dieser Darstellung nicht zum Ausdruck, während der Unterschied zwischen Mönchengladbach und Hamburg von rund 3 000 größer erscheint, als er in Wirklichkeit ist. Neben der hier angewendeten Möglichkeit des Auf- und Abrundens wird mitunter auch mit „anteiligen Symbolen" gearbeitet.

Beispiel 2: Regentage von März bis Juni

Eine Wolke steht für einen Regentag, eine halbe Wolke für einen halben Regentag. Wenn es jedoch nur 4 Stunden geregnet hat wird die Größe der Wolke nicht mehr realistisch darstellbar. Dennoch ermöglicht diese Form der Darstellung einen schnellen Überblick über den Wetterverlauf.

Beispiel 3: Autoverkauf

VW Golf-Verkauf

Gebrauchtwagenhändler Mühsam

In diesem Beispiel wird auch mit anteiligen Symbolen gearbeitet. Als zusätzliche Information sind die genauen Verkaufszahlen mit angegeben.

Piktogramme werden in der Werbung und in Zeitungen häufig als Aufhänger und Blickfang benutzt, um den Betrachter beispielsweise anzuregen, den dazugehörigen Beitrag zu lesen. Durch Nutzung verschiedener grafischer Gestaltungsmöglichkeiten können unterschiedliche Botschaften an den Leser gebracht werden. Dem interessierten Leser sind dazu die Bücher von Walter Krämer zu empfehlen.

Stängel-Blatt-Diagramm

Eine sehr übersichtliche, aber in der Praxis nur wenig verbreitete Darstellung ist das **Stängel-Blatt-Diagramm**. Es macht sich das Stellenwertsystem zu Nutze und sortiert metrische Merkmale nach der Größe der ersten Stellenwerte. Einzelne Werte werden in Klassen, die auf Grund der x ersten Stellenwerte gebildet werden, zusammengefasst. Die verschiedenen Klassen werden untereinander geschrieben. Innerhalb jeder Klasse werden die aufgeführten Beobachtungswerte der Größe nach geordnet aufgeschrieben, wobei die x ersten Ziffern weggelassen werden. Die die Klassen kennzeichnenden Ziffern werden auf die linke Seite, die einzelnen Beobachtungswerte auf die rechte Seite eines senkrechten Striches geschrieben. Am Beispiel des Ermittelns der Körpergröße der Schüler einer Klasse soll das Stängel-Blatt-Diagramm einer Urliste gegenübergestellt werden.

Beispiel 4: Körpergröße

Die Körpergröße der 24 Schüler einer Klasse wird ermittelt. Erfasst man die Messwerte in einer Urliste ergibt sich folgende Darstellung: 139 cm, 147 cm, 126 cm, 141 cm, 127 cm, 130 cm, 153 cm, 133 cm, 134 cm, 158 cm, 135 cm, 138 cm, 126 cm, 139 cm, 141 cm, 141 cm, 144 cm, 146 cm, 146 cm, 135 cm, 148 cm, 124 cm, 150 cm, 129 cm

Im Vergleich zur Urliste ist die Darstellung im Stängel-Blatt-Diagramm übersichtlicher. Die Messwerte werden nach vollen 10 cm in Klassen eingeteilt und innerhalb der Klasse nach ihrer Größe sortiert. Die vollen 10 cm werden in der linken Spalte (Stängel), die Einerstellen in der rechten Spalte (Blatt) eingetragen. So findet man den Messwert 133 cm in der zweiten Zeile der Messwerte. Die 13 in der linken Spalte gibt an, dass der Wert zwischen 130 cm und 139 cm liegt. Die Einerstelle des Wertes findet man als Ziffer 3 an zweiter Stelle in der rechten Spalte.

Vielfache von 10 cm	Einerstelle
12	4 6 6 7 9
13	0 3 4 5 5 8 9 9
14	1 1 1 4 6 6 7 8
15	0 3 8

Das Stängel-Blatt-Diagramm ist unkompliziert und platzsparend, da die führenden Ziffern jedes Blattes nur einmal geschrieben werden. Es findet trotz der Klassenbildung kein Datenverlust statt, da jeder Wert im Diagramm aufgenommen wird. Insgesamt ähnelt diese Art der Darstellung einerseits der einfachen Strichliste, da alle Werte der Datenerhebung einzeln genannt werden, andererseits wird durch das Hintereinanderschreiben der Zahlen eine Art Streifen- bzw. Balkendiagramm der Klassen erzeugt, aus dem hervorgeht, in welcher Klasse die meisten Werte liegen. Das Stängel-Blatt-Diagramm findet vor allem bei überschaubaren Datenmengen Anwendung, da im Gegensatz zu anderen Diagrammen hier alle Daten direkt abgelesen werden können.

Linien- bzw. Kurvendiagramm

Die Darstellung von zeitlichen Abläufen ist in Linien- bzw. Kurvendiagrammen gut möglich. In ein rechtwinkliges Koordinatensystem werden auf der Ordinate (x-Achse) die Zeit und als Abszissenwert (y-Achse) die zugehörige Merkmalsausprägung (häufig ein Messwert) eingetragen. Handelt es sich um metrische Merkmale, so können die einzelnen Punkte zu einer Kurve verbunden werden.

In Liniendiagrammen werden Trends von Entwicklungen schnell sichtbar. Zu Vergleichszwecken können auch mehrere Datenmengen in dasselbe Koordinatensystem gezeichnet werden, indem man z. B. verschiedene Kurven in verschiedenen Farben einzeichnet.

Beispiel 5: Temperaturverlauf während eines Tages

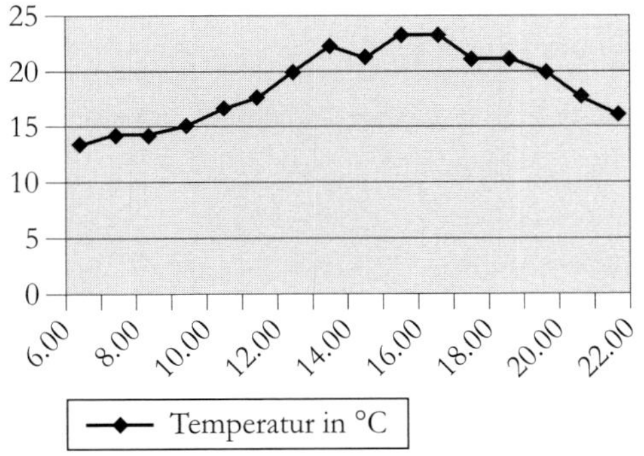

Beispiel 6: Temperaturverlauf während eines Monats

(Maximum erfasst die höchste Temperatur am entsprechenden Tag, Minimum die niedrigeste)

Temperatur in °C

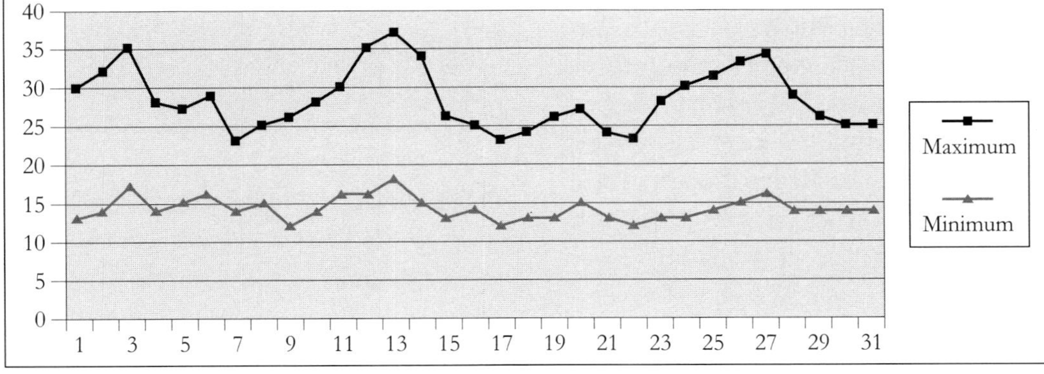

Statistische Maßzahlen

Die Angabe aller Daten einer Untersuchung ist für die Auswertung oftmals zu umfangreich. Man versucht deshalb, das Ergebnis mithilfe weniger Zahlen darzustellen, die die Untersuchung treffend charakterisieren. Solche Zahlen werden als statistische Maßzahlen bezeichnet.

Statistische Maßzahlen sind Kennzahlen (Parameter), die spezifische Eigenschaften einer Verteilung der erfassten Daten kennzeichnen. Sie ermöglichen auch den Vergleich verschiedener Verteilungen (aus verschiedenen Erhebungen). Man unterscheidet zwischen Lageparametern und Streuungsparametern.

Lageparameter einer Verteilung sind solche Parameter, um die sich die Daten (Beobachtungswerte) der Erhebung gruppieren. Sie geben Aufschluss über das Zentrum einer Verteilung.

Streuungsparameter einer Verteilung sind solche Parameter, die die Streuung der Daten um einen Lageparameter beschreiben. Der wohl am häufigsten verwendete Mittelwert ist das **arithmetische Mittel** (Durchschnitt).

Lageparameter (Mittelwert)

Das **arithmetische Mittel** erscheint als Ausgleichswert, der sich ergibt, wenn man die Summe alle Werte, die für ein zu untersuchendes Merkmal ermittelt wurden, gleichmäßig auf alle untersuchten Merkmalsträger verteilt. Es ist ein rechnerischer Wert, der in der Stichprobe überhaupt nicht als Beobachtungswert vorzukommen braucht. Wir betrachten dazu eine Messreihe, bei der die Größen 11 cm, 13 cm, 16 cm, 17 cm und 18 cm ermittelt wurden. Das arithmetische Mittel aus diesen Werten beträgt 15 cm. Die Größe 15 cm ist aber selbst kein Wert, der in der Messreihe vorkommt. Das arithmetische Mittel wird rechnerisch bestimmt, indem die Summe aller Werte eines Merkmals durch die Anzahl n dieser Werte dividiert wird:

Es seien $x_1, x_2, \ldots, x_n$ Daten eines quantitativen Merkmals. Dann heißt:

$$\overline{x} = \frac{x_1 + x_2 + \ldots + x_n}{n} = \frac{1}{n}\sum_{i=1}^{n} x_i$$

arithmetisches Mittel dieser Daten.

> **Beispiel 1 : Arithmetisches Mittel**
>
> Bestimmen der Durchschnittsgröße der Schüler einer Klasse
>
> Die Körpergröße der 24 Schüler einer Klasse wird ermittelt:
> 139 cm, 147 cm, 126 cm, 141 cm, 127 cm, 130 cm, 153 cm, 133 cm, 134 cm, 158 cm, 135 cm, 138 cm, 126 cm, 139 cm, 141 cm, 141 cm, 144 cm, 146 cm, 146 cm, 135 cm, 148 cm, 124 cm, 150 cm, 129 cm
> Arithmetisches Mittel:
> (139 cm + 147 cm + 126 cm + 141 cm + 127 cm + 130 cm + 153 cm + 133 cm + 134 cm + 158 cm + 135 cm + 138 cm + 126 cm + 139 cm + 141 cm + 141 cm + 144 cm + 146 cm + 146 cm + 135 cm + 148 cm + 124 cm + 150 cm + 129 cm) : 24 = 3330 cm : 24 = 138,75 cm

Das arithmetische Mittel kann nur bei quantitativen Merkmalen genutzt werden, denn nur diese Merkmale gestatten die Durchführung der zur Berechnung des arithmetischen Mittels notwendigen Operationen, was leider nicht immer beachtet wird (zum Beispiel bei der Berechnung von Notendurchschnitten).

Weitere errechnete Mittelwerte, auf die hier nicht weiter eingegangen wird, sind das geometrische und das harmonische Mittel.

Im Unterschied zu den errechneten Mittelwerten werden die folgenden beiden Mittelwerte, der **Modalwert** und der **Median**, auch als Mittelwerte der Lage bezeichnet. Diese können auch angewendet werden, wenn sich die betrachteten Merkmalsausprägungen lediglich in eine Reihenfolge bringen lassen (Rangmerkmale), die Abstände zwischen ihnen aber nicht mathematisch interpretierbar sind.

Der Modalwert gibt die Ausprägung eines Merkmals an, die am häufigsten in einer Untersuchung erfasst wurde.

Beispiel 2: Modalwert

Körpergröße der Schüler einer Klasse

Für das Beispiel „Körpergröße" beträgt der Modalwert 141 cm, da diese Größe am häufigsten vorkommt (dreimal).

Der Modalwert ist sehr einfach zu bestimmen und sehr wirklichkeitsnah. Er ist bei qualitativen Merkmalen das einzig anwendbare Lagemaß. Der Modalwert ist nicht immer eindeutig, d. h. es können durchaus mehrere lokale Modalwerte bei einer Untersuchung existieren.

Der Median ist der Wert, der in der „Mitte" der Reihe einer Datenmenge liegt, wenn diese nach der Größe geordnet ist. Er kann auf quantitative Merkmale, aber auch auf Rangmerkmale angewendet werden.

Zur Bestimmung des Median werden die Daten der Größe nach geordnet. Der Median ist bei einer ungeraden Anzahl von Daten der Wert, der in der geordneten Reihe in der Mitte liegt. Bei gerader Anzahl an Daten muss man sich für einen der beiden „mittleren Werte" entscheiden (bei Rangmerkmalen) oder das arithmetische Mittel der beiden Werte (bei quantitativen Merkmalen) bilden.

Beispiel 3: Median

Bestimmen des Median für das Beispiel „Körpergröße":
Die Messwerte werden nach der Größe geordnet aufgeschrieben:
124 cm, 126 cm, 126 cm, 127 cm, 129 cm, 130 cm, 133 cm, 134 cm, 135 cm, 135 cm, 138 cm, **139 cm**, **139 cm**, 141 cm, 141 cm, 141 cm, 144 cm, 146 cm, 146 cm, 147 cm, 148 cm, 150 cm, 153 cm, 158 cm
Bei 24 Messwerten kommen der 12. bzw. 13. Wert als Median in Frage. Da diese gleich sind, ist der Median 139 cm.

Streuungsmaße

Weitere Informationen über die Verteilung der Messwerte bei einer Untersuchung geben die Streuungsmaße. Ein einfaches Streuungsmaß, das auch schon in der Grundschule Anwendung finden kann, ist die Spannweite.

Die **Spannweite** ist die Differenz zwischen dem größten und dem kleinsten Merkmalswert. Die Spannweite gibt eine Information über die Abweichung der Messwerte voneinander.

Beispiel 4: Spannweite

Bestimmen der Spannweite für das Beispiel „Körpergröße": 158 cm – 124 cm = 34 cm

Stichproben und Hochrechnungen

Werden alle Elemente einer Grundgesamtheit hinsichtlich interessierender Merkmale untersucht, so spricht man von einer **Total- oder Vollerhebung**. Häufig ist es aber nicht möglich, die vollständige Grundgesamtheit mit angemessenem Aufwand statistisch zu erfassen oder es kommt vor, dass nicht alle Informationen über diese vorliegen. Dann beschränkt man sich auf Teilerhebungen, die auch als **Stichprobenuntersuchungen** bezeichnet werden. Im Gegensatz zur Totalerhebung wählt man bei einer Stichprobenerhebung nur eine relativ kleine Teilmenge der Population aus und ermittelt die Ausprägung des interessierenden Merkmals an jedem Element dieser Teilmenge. Die Anzahl der betrachteten Personen bzw. Gegenstände wird als Umfang der Stichprobe bezeichnet. Jeder Stichprobenerhebung liegt der Wunsch zugrunde, mit möglichst geringem Aufwand eine möglichst genaue Information über eine interessierende Grundgesamtheit zu erhalten. Eine Stichprobe soll in Bezug auf die interessierenden Merkmale repräsentativ sein. Sie soll bezüglich bestimmter Merkmale ein verkleinertes Bild einer Grundgesamtheit wiedergeben. In der Praxis wird die Auswahl der Probanden für eine Stichprobe auch von Wünschen der Auftraggeber beeinflusst. Mitunter werden mehrere Stichproben verarbeitet, die möglichst viele Aspekte berücksichtigen.

Mithilfe einer **Hochrechnung** wird von der Stichprobe auf die Grundgesamtheit geschlossen. Hochrechnungen sind somit näherungsweise Bestimmungen eines Gesamtergebnisses aus einem Teilergebnis. Man geht davon aus, dass die Verhältnisse in der Grundgesamtheit etwa genauso sind wie in der Stichprobe.

Hochrechnungen werden unter anderem in der Marktforschung, bei Qualitätskontrollen, bei der Ermittlung von Einschaltquoten oder zur vorläufigen Berechnung von Wahlergebnissen angewendet.

Beispiel 1: Hochrechnung – Kaffeemenge

In Vorbereitung auf eine Feier wird eine Kalkulation für die benötigte Menge Kaffee vorgenommen. Dazu werden 20 Personen befragt, wie viele Tassen Kaffee sie trinken werden. Insgesamt werden von den 20 Personen 34 Tassen angegeben. Zur Feier wird mit 200 Personen gerechnet. Für die rechnet man die Anzahl der von den befragten Personen angegebenen Anzahl auf die Anzahl der zu erwartenden Personen hoch: $34 \cdot 10 = 340$
Aus der Hochrechnung ergibt sich eine Anzahl von 340 Tassen Kaffee, die für die Feier benötigt werden.

Beispiel 2: Hochrechnung – Volkszählung „Zensus 2011“

Auch bei der Volkszählung „Zensus 2011“ wird mit Hochrechnungen gearbeitet. Im Unterschied zu den letzten Volkszählungen in der BRD (alt) 1987 und der DDR 1981, bei denen alle Einwohner befragt wurden, wird bei „Zensus 2011“ aus Kosten- und Belastungsgründen nur etwa 10 Prozent der Bevölkerung bei der Haushaltebefragung zu Herkunft, Bildung und Berufstätigkeit interviewt. Dieser Personenkreis wird auf Grund bestimmter Angaben als repräsentativ angesehen.

Literatur

Krämer, W. (1992): *Statistik verstehen: eine Gebrauchsanweisung.* Frankfurt / Main, New York: Campus.

Krämer, W. (1991): *So lügt man Statistik.* Frankfurt / Main, New York: Campus.

Krämer, W. (1994): *So überzeugt man Statistik.* Frankfurt / Main, New York: Campus.

Krämer, W. (1995): *Denkste! Trugschlüsse aus der Welt des Zufalls und der Zahlen.* Frankfurt / Main, New York: Campus.

Kütting, H. (1994): *Didaktik der Stochastik* Mannheim, Leipzig, Wien, Zürich: BI-Wiss.-Verl.

Kütting, H. / Sauer, M. J. (2011): *Elementare Stochastik. Mathematische Grundlagen und didaktische Konzepte.* Heidelberg: Spektrum, Akad. Verl.

Ruwisch, S. (2009): *Beschreibende Statistik.* Grundschule Mathematik 21, S. 40 - 43.

Fachliche Grundlagen zur Wahrscheinlichkeit

Zufall und Wahrscheinlichkeit

„*Was für ein Zufall!*“ Jeder kennt Aussagen dieser Art, mit der im täglichen Leben Erstaunen über ein eingetretenes, aber unerwartetes Ereignis ausgedrückt wird. Ferner beruft man sich auf den Zufall, wenn der Verstand keine Vorhersagen über den Ausgang einer Situation erlaubt.

In der Umgangssprache wird der Begriff sehr vielfältig verwendet, zum Beispiel als Redeweisen wie dummer Zufall, reiner Zufall, scheinbarer Zufall. Bei Spielen verbindet sich der Zufall häufig mit den Begriffen Glück und Pech. In der Philosophie wird der Zufall als das nicht notwendige oder das unbeabsichtigte Ereignis gekennzeichnet.

„Auch der Zufall ist nicht unergründlich, er hat eine Regelmäßigkeit.“ Mit diesem Zitat brachte NOVALIS zum Ausdruck, dass der Zufall auch eine gewisse Systematik besitzt und sich in bestimmtem Maße rational meistern lässt. Dieser Rationalität liegt die mathematische Theorie der Wahrscheinlichkeitsrechnung (auch als Stochastik bezeichnet) zu Grunde. Sie beschäftigt sich mit Zufallserscheinungen aus mathematischer Sicht. Ziel der Wahrscheinlichkeitsrechnung ist es, zufallsbestimmte Phänomene und Situationen des täglichen Lebens mithilfe mathematischer Mittel (Modellbildung) erfassbar und berechenbar zu machen. Die wesentliche Aufgabe besteht in der Berechnung von Wahrscheinlichkeiten für das Eintreten von Ereignissen.

Dazu erfolgt eine Mathematisierung der realen Situation durch ein System mathematischer Begriffe und Beziehungen. Mithilfe eines Modells wird das Problem der Realität als mathematische Fragestellung formuliert und gelöst. Die Lösung im zugrunde liegenden mathematischen Modell muss dann mit Blick auf die reale Situation interpretiert und überprüft werden. Die Grundlage der Modelle zum Beschreiben stochastischer Situationen bildet die Wahrscheinlichkeitstheorie.

Beim Berechnen der Wahrscheinlichkeit eines Ereignisses wird diesem Ereignis eine reelle Zahl als Maßzahl zugeordnet. Diese Maßzahl gibt den Grad der Wahrscheinlichkeit des Ereignisses an.

Die Entstehung der Wahrscheinlichkeitsrechnung ist eng mit Überlegungen zum Ausgang von Glücksspielen verbunden. Eine Aufgabe aus dieser Zeit soll die Überlegungen zur Wahrscheinlichkeit einleiten.

> Die schlechten Spielerfahrungen des Glücksritters und Spielers CHEVALIER DE MERE führten zu einer Korrespondenz mit dem Mathematiker BLAISE PASCAL (1623-1662). CHEVALIER DE MERE nahm an, dass beim Werfen dreier symmetrischer Spielwürfel die Chance für das Auftreten der Augensummen 11 und 12 gleich groß ist.
> Er beobachtete aber, dass die Augensumme 11 häufiger fiel als Augensumme 12.

Haben Sie schon eine Erklärung? Wenn nicht, die Auflösung kommt etwas später.

Zuvor werden einige für die Modellbildung wichtige Begriffe der Wahrscheinlichkeitsrechnung geklärt.

Grundbegriffe der Wahrscheinlichkeitsrechnung – Ergebnisse und Ereignisse

Zufallsbestimmte Phänomene entstehen durch **Zufallsexperimente**. Darunter versteht man reale Vorgänge (Versuche) unter exakt festgelegten Bedingungen:

1. Das Experiment ist (zumindest theoretisch) beliebig oft unter den gleichen Bedingungen durchführbar.
2. Die möglichen Ausgänge (Ergebnisse) stehen eindeutig fest.
3. Es ist nicht vorhersagbar, welcher Ausgang des Experiments eintritt.

Zu den Zufallsexperimenten gehören das Werfen einer Münze, das Würfeln mit einem (idealen) Spielwürfel, das Drehen an einem Glücksrad und das Entnehmen von Kugeln aus einer Urne. Die entsprechenden Geräte werden als **Zufallsgeneratoren** bezeichnet. Bei den Zufallsgeneratoren kann man zwischen symmetrischen und asymmetrischen unterscheiden. Bei symmetrischen Zufallsgeneratoren kann man den möglichen Versuchsausgängen jeweils die gleiche Wahrscheinlichkeit zuordnen. Zu diesen gehören ideale Münze, idealer Würfel und andere Platonische Körper, Urnen mit gleich großen Kugeln und Glücksräder bzw. Glückskreisel mit gleich großen Feldern. Bei asymmetrischen Zufallsgeneratoren liegt eine Ungleichverteilung der den möglichen Versuchsausgängen zugeordneten Wahrscheinlichkeiten vor. Zu diesen gehören Quader und andere geometrische Körper, die nicht von gleichartigen Flächen begrenzt sind, aber auch Reißzwecken, „Gezinkte" Würfel und Urnen mit unterschiedlich großen Kugeln sowie Glücksräder und Glückskreisel, bei denen die Felder nicht gleich groß sind.

Die Menge aller bei einem Zufallsexperiment möglichen (zufälligen) Ergebnisse wird als **Ergebnisraum Ω** (oder Ergebnismenge) bezeichnet.
Dazu drei Beispiele:

Beispiel 1: Werfen einer Münze
$\Omega_1 = \{W; Z\}$ (W = „Wappen" liegt oben, Z = „Zahl" liegt oben)
Beispiel 2: Würfeln mit einem Spielwürfel
$\Omega_2 = \{1; 2; 3; 4; 5; 6\}$
Beispiel 3: Summe der Augenzahlen beim Würfeln mit zwei Würfeln
$\Omega_3 = \{2; 3; 4; 5; 6; 7; 8; 9; 10; 11; 12\}$

Jede Teilmenge des Ergebnisraums **Ω** wird als **Ereignis E** bezeichnet. Falls bei der Durchführung eines Zufallsexperiments ein Versuchsausgang eingetreten ist, dessen zugehöriges Ergebnis ein Element von E ist, so sagt man: Ein Ereignis E tritt ein.
Bei der Betrachtung von Beispiel 2 „Würfeln mit einem Spielwürfel" interessiert uns das Ereignis „Es wird eine gerade Zahl gewürfelt". Für dieses Ereignis gilt $E = \{2; 4; 6\}$, d. h. es tritt dann ein, wenn als Ergebnis des Zufallsexperiments eine 2, 4 oder 6 gewürfelt wird.
Ist ein Ereignis E gleich der leeren Menge, d. h. es kann niemals eintreten, so spricht man von einem **unmöglichen Ereignis**. Ein unmögliches Ereignis ist beispielsweise das „Würfeln einer 7" mit einem herkömmlichen Spielwürfel.
Enthält ein Ereignis E umgekehrt alle möglichen Ergebnisse des Ergebnisraumes, das heißt, es gilt $E = \Omega$, so tritt E mit Sicherheit ein. In diesem Fall spricht man von einem **sicheren Ereignis**. Ein sicheres Ereignis ist das „Würfeln einer Zahl von 1 bis 6".

Ereignisse, die jeweils nur genau ein Ergebnis als Element enthalten, heißen **Elementarereignisse**. Beim Würfeln mit einem Würfel sind dies die sechs Ereignisse {1}, {2}, {3}, {4}, {5} und {6}, also die einelementigen Teilmengen der Ergebnismenge {1; 2; 3; 4; 5; 6}.

Zum Wahrscheinlichkeitsbegriff

Es gibt verschiedene Möglichkeiten (Modelle), den Wahrscheinlichkeitsbegriff mit mathematischen Mitteln zu beschreiben.

Der klassische Wahrscheinlichkeitsbegriff

Der klassische Wahrscheinlichkeitsbegriff wurde 1812 von PIERRE SIMON MARQUIS DE LAPLACE (1749 – 1827) definiert und wird deshalb auch als Laplace-Wahrscheinlichkeit bezeichnet.
Dieses Modell des Wahrscheinlichkeitsbegriffs gilt nur für gleichwahrscheinliche Elementarereignisse. Das bedeutet, dass alle Ergebnisse die gleiche Chance haben müssen, eintreten zu können. Gleichwahrscheinliche Elementarereignisse betrachtet man beispielsweise beim Verwenden symmetrischer Zufallsgeneratoren.
Die Wahrscheinlichkeit eines Ereignisses P(E) wird als Quotient aus der Anzahl $|E|$ der für das Ereignis günstigen Ergebnisse und der Anzahl $|\Omega|$ aller möglichen Ergebnisse berechnet.

Wahrscheinlichkeit P(E) eines Ereignisses E:

$$P(E) = \frac{|E|}{|\Omega|}$$

Die Wahrscheinlichkeit für das Eintreffen eines Ereignisses ist der Quotient aus diesen beiden Größen.

Wichtige Eigenschaften der Wahrscheinlichkeit sind:

(1) Für die klassische Wahrscheinlichkeit P(E) gilt: $0 \le P(E) \le 1$
(2) Die Wahrscheinlichkeit eines sicheren Ereignisses ist gleich 1.
(3) Die Wahrscheinlichkeit eines unmöglichen Ereignisses ist gleich 0.

Beispiele für die Anwendung der klassischen Wahrscheinlichkeit:

Beispiel 1:
Wahrscheinlichkeit für das Würfeln einer bestimmten Zahl i (i = {1; 2; 3; 4; 5; 6}):

$$P(E) = \frac{1}{6}$$

Beispiel 2:
Wahrscheinlichkeit für das Würfeln einer geraden Zahl:

$$P(E) = \frac{3}{6} = \frac{1}{2}$$

Beispiel 3:
Wahrscheinlichkeit dafür, dass beim Werfen einer Münze „Zahl“ fällt:

$$P(E) = \frac{1}{2}$$

Auch das Problem von CHEVALIER DE MERE zum Auftreten der Augensummen 11 und 12 beim Würfeln mit drei symmetrischen Würfeln kann mithilfe der klassischen Wahrscheinlichkeit gelöst werden.
Dazu betrachtet man die Anzahl der Möglichkeiten für das Zustandekommen der einzelnen Augensummen (jeweils günstige Ergebnisse):

Augensumme 11	Augensumme 12
6 – 4 – 1	6 – 5 – 1
6 – 3 – 2	6 – 4 – 2
5 – 5 – 1	6 – 3 – 3
5 – 4 – 2	5 – 4 – 3
5 – 3 – 3	5 – 5 – 2
4 – 4 – 3	4 – 4 – 4

Zunächst scheint, dass diese Anzahl für beide Augensummen mit je sechs gleich ist. Lässt man die Reihenfolge der Summanden außer Acht, ergeben sich für beide Summen sechs Zerlegungen. Hier liegt der Trugschluss von CHEVALIER DE MÉRÉ, denn für Zerlegungen aus drei verschiedenen Summanden gibt es mehr Möglichkeiten (Anordnungen der Würfel) als für Zerlegungen, in denen zwei gleiche Summanden vorkommen oder gar alle drei Summanden gleich sind.
Zu jedem der drei Fälle wird ein Beispiel genauer betrachtet. Zur Veranschaulichung stellt man sich drei Würfel verschiedener Farben vor (rot, blau, grün).

Zerlegung aus drei verschiedenen Summanden
6 – 4 – 1

rot	blau	grün
6	4	1
6	1	4
4	6	1
4	1	6
1	6	4
1	4	6

Es gibt sechs verschiedene Anordnungen, die diese Zerlegung repräsentieren.

Zerlegung mit zwei gleichen Summanden
5 – 5 – 1

rot	blau	grün
5	5	1
5	1	5
1	5	5

Es gibt drei verschiedene Anordnungen, die diese Zerlegung repräsentieren.

Zerlegung aus drei gleichen Summanden
4 – 4 – 4

rot	blau	grün
4	4	4

Es gibt nur eine Anordnung, die diese Zerlegung repräsentiert.

In der erweiterten Tabelle ist für die einzelnen Zerlegungen die Anzahl der jeweils möglichen Anordnungen angegeben:

Augensumme 11		Augensumme 12	
6 – 4 – 1	6	6 – 5 – 1	6
6 – 3 – 2	6	6 – 4 – 2	6
5 – 5 – 1	3	6 – 3 – 3	3
5 – 4 – 2	6	5 – 4 – 3	6
5 – 3 – 3	3	5 – 5 – 2	3
4 – 4 – 3	3	4 – 4 – 4	1

Addiert man die Anzahlen der möglichen Anordnungen, so ergeben sich 27 Möglichkeiten für die Augensumme 11 gegenüber 25 Möglichkeiten für die Augensumme 12, was die Beobachtungen von CHEVALIER DE MERE auch theoretisch untermauert.
Mithilfe der Formel für die klassische Wahrscheinlichkeit können die jeweiligen Wahrscheinlichkeiten bestimmt werden. Dazu benötigt man die Anzahl aller möglichen Ergebnisse, die beim Würfeln mit drei Würfeln eintreten können. Diese ist gleich $6^3 = 216$.

Demzufolge beträgt die Wahrscheinlichkeit für das Werfen der „Augensumme 11" $\frac{27}{216}$ und für das Werfen der „Augensumme 12 $\frac{25}{216}$.

Statistische Wahrscheinlichkeit

Da das Modell der klassischen Wahrscheinlichkeit nur für gleichwahrscheinliche Ereignisse gilt, lassen sich folglich keine Aussagen über ungleichwahrscheinliche Ereignisse machen, die unter anderem bei Versuchen mit asymmetrischen Zufallsgeneratoren auftreten (z. B. Werfen einer Reißzwecke oder eines gezinkten Würfels). Hier kann man die statistische Wahrscheinlichkeit als Schätzwert zum Bestimmen der Wahrscheinlichkeit nutzen. Werden entsprechende Zufallsexperimente wiederholt unter gleichen Bedingungen durchgeführt, so kann man mithilfe der relativen Häufigkeit Aussagen über die Wahrscheinlichkeit für das Eintreten eines Ereignisses treffen. Die relative Häufigkeit $h_n(E)$ eines Ereignisses bei n-maligem Wiederholen eines Vorgangs ergibt sich als Quotient aus der absoluten Häufigkeit $H_n(E)$ und der Anzahl n der durchgeführten Versuche.

$$h_n(E) = \frac{H_n(E)}{n}$$

Beispiel:
Wir würfeln 100-mal mit einem Spielwürfel. Dabei fällt 18-mal die Zahl „6".
Die relative Häufigkeit für dieses Ereignis beträgt dann

$$h_n(E) = \frac{18}{100} = \frac{9}{50} = 0{,}18$$

Bei häufiger Durchführung eines Zufallsversuchs lässt sich Folgendes feststellen:
Die relativen Häufigkeiten schwanken um einen festen Wert. Die Abweichungen von diesem Wert werden mit wachsendem n immer kleiner. Diese Erkenntnis, dass sich bei einer großen Anzahl von Versuchen die relative Häufigkeit eines Ereignisses der theoretisch berechneten Wahrscheinlichkeit annähert, wird (vereinfacht ausgedrückt) als Gesetz der großen Zahlen bezeichnet. Die relative Häufigkeit des Eintretens eines Ereignisses E kann deshalb bei einer hinreichend großen Anzahl n von Versuchen als Schätzwert für die Wahrscheinlichkeit des Eintreffens von E gewählt werden.

Geometrische Wahrscheinlichkeit

Für spezielle Kontexte besteht die Möglichkeit, die Wahrscheinlichkeit mithilfe geometrischer Überlegungen zu bestimmen. Von den für die Grundschule relevanten Zufallsgeneratoren betrifft dies das Glücksrad bzw. den Glückskreisel. Auch den Würfel kann man hier einordnen. Grundgedanke der geometrischen Wahrscheinlichkeit ist es, Vergleiche von geometrischen Maßen zur Bestimmung von Wahrscheinlichkeiten heranzuziehen.

Beispiel 1:
Wie groß ist die Gewinnwahrscheinlichkeit für grau?

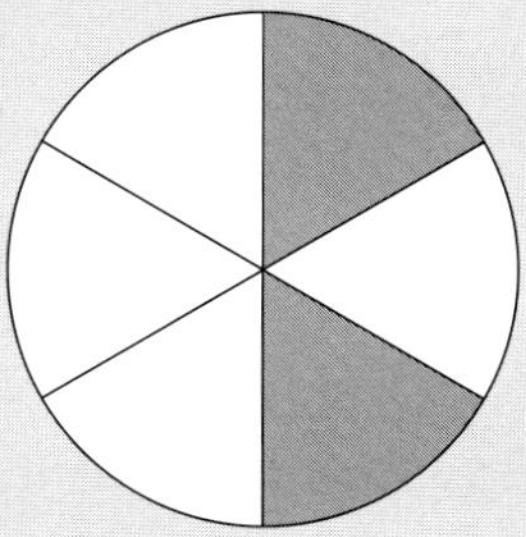

Da die sechs Sektoren des Glücksrads gleich groß sind und für jedes Feld eine Gleichwahrscheinlichkeit angenommen wird, kann diese Aufgabe mithilfe der Formel für die klassische Wahrscheinlichkeit gelöst werden:

$$P(E) = \frac{2}{6} = \frac{1}{3}$$

Eine zweite Möglichkeit besteht im Vergleich der Flächeninhalte der einzelnen Flächen. Diese führt zum gleichen Ergebnis, da der Anteil der grauen Felder an der Gesamtfläche zwei von sechs beträgt.
Genauso können die Längen der Kreisbogen bzw. die Größe der Mittelpunktswinkel verglichen werden.

Beispiel 2:
Wie groß ist die Gewinnwahrscheinlichkeit für weiß?

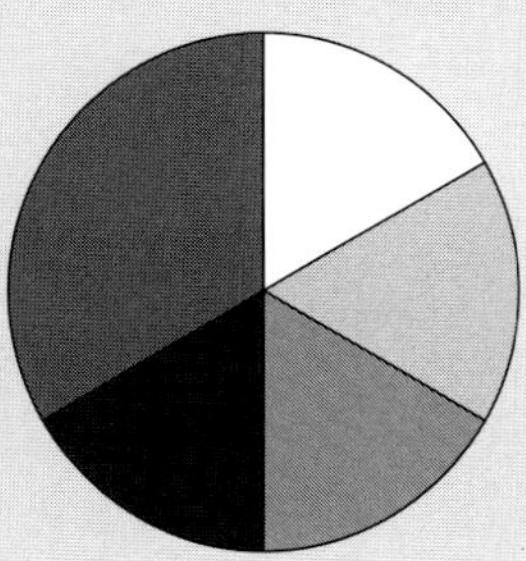

Diese Aufgabe kann nicht mithilfe der Formel für die klassische Wahrscheinlichkeit gelöst werden, da die einzelnen Kreissektoren verschieden groß und damit die Gewinnwahrscheinlichkeiten unterschiedlich sind.
Hier bietet sich der Weg über die geometrische Wahrscheinlichkeit als Lösungsmöglichkeit an.
Da bei der Konstruktion des Glücksrades der Kreissektor für die dunkelgraue Fläche doppelt so groß gewählt wurde wie für die anderen Farben, beträgt der Anteil des weißen Sektors an der Gesamtfläche und damit auch die Gewinnwahrscheinlichkeit für die Farbe Weiß $\frac{1}{6}$.

Das folgende Beispiel 3 zum Würfel soll noch einmal den Zusammenhang zwischen klassischer und geometrischer Wahrscheinlichkeit verdeutlichen.

Beispiel 3:

Wie groß ist die Wahrscheinlichkeit, dass man beim Würfeln mit einem Spielwürfel eine gerade Zahl würfelt?

Meist wird diese Aufgabe mithilfe der klassischen Wahrscheinlichkeit gelöst. Es gibt drei günstige (Zahlen) von insgesamt sechs Möglichkeiten, um eine gerade Zahl zu würfeln.

$$\text{also gilt: } P(E) = \frac{3}{6} = \frac{1}{2}$$

Genauso könnte man argumentieren, dass die drei Zahlen die Hälfte der Oberfläche des Würfels einnehmen und somit die Wahrscheinlichkeit für das Würfeln einer geraden Zahl beträgt.

Die geometrische Wahrscheinlichkeit lässt sich auch mithilfe einer Formel erfassen:

$$P(E) = \frac{\text{Flächeninhalt der Gewinnfelder}}{\text{Flächeninhalt der Gesamtfläche}}$$

Im folgenden Beispiel betrachten wir mit dem Quader einen Zufallsgenerator, der nicht symmetrisch ist, aber Teilsymmetrien aufweist, da gegenüberliegende Flächen den gleichen Inhalt haben.

Beispiel 4:

Wir verwenden als Zufallsgenerator einen Quader mit den Kantenlängen 2 cm, 3 cm und 4 cm. Den beiden Flächen von 3 cm x 4 cm werden die Gewinnzahlen 1 und 6 zugeordnet, den beiden Flächen von 2 cm x 4 cm die Gewinnzahlen 2 und 5 und den Flächen von 2 cm x 3 cm die Gewinnzahlen 3 und 4. Wie groß ist die Wahrscheinlichkeit für das Werfen der einzelnen Gewinnzahlen?

Es erscheint naheliegend, das beim Würfel angewendete Modell der geometrischen Wahrscheinlichkeit auf den Quader zu übertragen. Das hieße, von den Flächenanteilen der einzelnen Quaderflächen an der Gesamtoberfläche auf die Wahrscheinlichkeiten für das Eintreffen der einzelnen Gewinnzahlen zu schließen. Diese Hypothese verträgt sich allerdings nicht mit experimentellen Ergebnissen. Es lässt sich lediglich nachweisen, dass gleich große (gegenüberliegende) Flächen die gleiche Gewinnwahrscheinlichkeit nach sich ziehen und die Gewinnchance für größere Flächen höher ist als für kleinere. Flächeninhalt und Wahrscheinlichkeit verhalten sich aber nicht proportional. Für das Lösen der Aufgabe in Beispiel 4 bleibt nur die Anwendung des Modells bezüglich der statistischen Wahrscheinlichkeit. Das Beispiel ist durchaus auch interessant im Sinne der Entwicklung der Kompetenz des Modellierens. Durch empirische Überprüfung wird die Brauchbarkeit eines theoretischen Modells überprüft. (vgl. Eichler / Vogel 2009, S. 148 ff.)

Mehrstufige Zufallsexperimente – Pfadregeln

Im letzten Abschnitt wird ein Blick auf den fachlichen Hintergrund des Themas Wahrscheinlichkeit geworfen, wie es in der Sekundarstufe I fortgeführt wird.
Bisher wurden als Zufallsexperimente nur einmalige Vorgänge betrachtet, Vorgänge, die gewissermaßen in einem Schritt (auf einer Stufe) erfolgten. In diesem Abschnitt sollen Zufallsexperimente untersucht werden, die in mehreren Schritten oder Stufen ablaufen. Diese werden als **mehrstufige Zufallsexperimente** bezeichnet.
Beim folgenden Beispiel „dreimaliges Werfen einer Münze“ wird zunächst betrachtet, welche Elementarereignisse möglich sind und welche Wahrscheinlichkeit diese jeweils haben. Bei diesem Beispiel handelt es sich um ein dreistufiges Zufallsexperiment, bei dem es auf jeder Stufe zwei Möglichkeiten gibt („Wappen“ oder „Zahl“). Auf diese Weise erhält man für den Ausgang des gesamten Experiments 8 Möglichkeiten: Zu jeder der beiden Möglichkeiten auf der ersten Stufe gibt es zwei Möglichkeiten auf der zweiten Stufe, und zu jeder dieser $2 \cdot 2$ Möglichkeiten auf den ersten beiden Stufen wiederum zwei Möglichkeiten auf der dritten Stufe, so dass sich insgesamt $2 \cdot 2 \cdot 2 = 8$ Möglichkeiten ergeben.

Die acht möglichen Ergebnisse lassen sich in Form eines Baumdiagramms übersichtlich darstellen:

Beispiel: Dreimaliges Werfen einer Münze

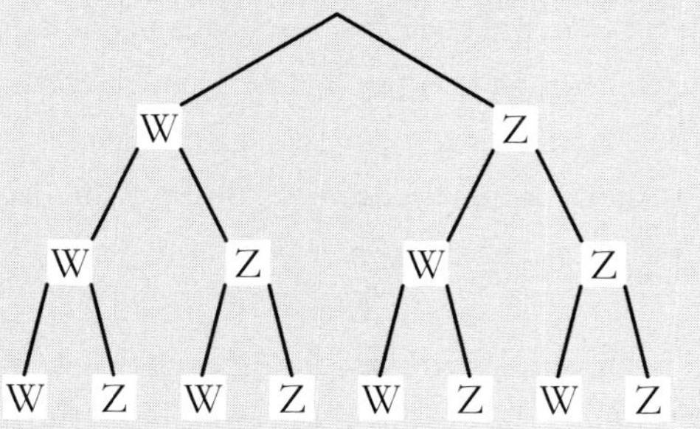

Im Baumdiagramm wird jedes mögliche Ergebnis durch einen Pfad von oben nach unten dargestellt. Die entsprechenden Ergebnisse der einzelnen Pfade lassen sich auch in Form von 3-Tupeln angeben:

WWW	WWZ	WZW	WZZ	ZWW	ZWZ	ZZW	ZZZ

Die Wahrscheinlichkeit eines jeden dieser Elementarereignisse beträgt aufgrund der Gleichwahrscheinlichkeit der Ereignisse $\frac{1}{8}$.
Nun wird noch überlegt, wie man die Wahrscheinlichkeit eines Endergebnisses des Zufallsexperiments durch Betrachtungen der Pfade des Baumdiagramms ermitteln kann.
Bei diesem Beispiel gibt es auf jeder Stufe des Experiments für jeden Pfad zwei Verzweigungen, die die gleiche Wahrscheinlichkeit $\frac{1}{2}$ besitzen. Multipliziert man die Wahrscheinlichkeiten längs eines Pfades, so erhält man die Wahrscheinlichkeit für das diesem Pfad entsprechende Elementarereignis.

Diese Erkenntnis wird auch als *1. Pfadregel* bezeichnet:

1. Pfadregel (Produktregel):

Die Wahrscheinlichkeit eines Elementarereignisses in einem mehrstufigen Zufallsexperiment ist gleich dem Produkt der Wahrscheinlichkeiten entlang des Pfades, der diesem Elementarereignis im Baumdiagramm entspricht.

Für das Beispiel „dreimaliges Werfen einer Münze" bedeutet dies:
Die Wahrscheinlichkeit eines jeden dieser Elementarereignisse beträgt aufgrund der Gleichwahrscheinlichkeit der Ereignisse

$$P(E) = \frac{1}{2 \cdot 2 \cdot 2} = \frac{1}{8}$$

Es ist auch möglich, die Wahrscheinlichkeit eines ganz bestimmten Ereignisses mithilfe des Baumdiagramms zu ermitteln. Dazu hilft die 2. Pfadregel, die es erlaubt, die Wahrscheinlichkeiten bestimmter Ereignisse zu addieren. Dies gilt aber nur für **„unvereinbare Ereignisse"**.
Vor der Betrachtung 2. Pfadregel wird der Begriff „unvereinbare Ereignisse" geklärt: Zwei Ereignisse E und F sind unvereinbar, wenn sie nicht zugleich eintreten können.
Dies trifft auf Beispiel 1 zu.

Beispiel 1:

Es werden beim Würfelspiel die Ereignisse E: „Würfeln einer 1" ($E = \{1\}$), und F: „Würfeln einer 3" ($F = \{3\}$) betrachtet.
E und F sind unvereinbar.

Die in Beispiel 2 gewählten Ereignisse sind dagegen nicht unvereinbar.

Beispiel 2:

Es werden beim Würfelspiel die Ereignisse E: „Würfeln einer 1 oder 2“ (E = {1; 2}), und F: „Würfeln einer 2 oder 3“ (F = {2; 3}) betrachtet. E und F sind nicht unvereinbar, da „Würfeln einer 2“ zu beiden Ereignissen E und F gehört.
Beim Würfeln einer „2“ tritt sowohl Ereignis E als auch Ereignis F ein.

Für weitere Überlegungen betrachten wir Beispiel 3.

Beispiel 3:

Es werden beim Würfelspiel die Ereignisse E: „Augenzahl ist gerade“ (E = {2; 4; 6}) und F: „Augenzahl ist gleich 1“ (F = {1}) betrachtet.
Da die Ereignisse E und F unvereinbar sind, gilt:
P(Augenzahl gerade oder eins) =

$$P(E) + P(F) = \frac{1}{2} + \frac{1}{6} = \frac{2}{3}$$

Sind zwei Ereignisse E und F unvereinbar, so addieren sich ihre Wahrscheinlichkeiten zu der Wahrscheinlichkeit, dass E oder F eintritt.

Allgemein lässt sich dieser Zusammenhang in der 2. Pfadregel (auch als Summenregel bezeichnet) formulieren:

2. Pfadregel (Summenregel):

Die Wahrscheinlichkeit eines Ereignisses ist gleich der Summe der Wahrscheinlichkeiten der durch Pfade im Baumdiagramm dargestellten Elementarereignisse, die im Baumdiagramm dieses Ereignis bilden.

Als Beispiel wird die 2. Pfadregel auf das Ereignis „dreimaliges Werfen einer Münze“ angewendet.

Beispiel 4:

Wie wahrscheinlich ist es, dass beim dreimaligen Werfen einer Münze mindestens zweimal „Wappen“ fällt?

Zunächst werden die Pfade ermittelt, die diesem Ereignis entsprechen:
WWW, WWZ, WZW, ZWW

Nach der 2. Pfadregel gilt:
P(Es fällt mindestens zweimal „Wappen“) =
P(WWW) + P(WWZ) + P(WZW) + P(ZWW) =

$$\frac{1}{8} + \frac{1}{8} + \frac{1}{8} + \frac{1}{8} = \frac{4}{8} = \frac{1}{2}$$

Die Wahrscheinlichkeit, dass beim dreimaligen Werfen einer Münze mindestens zweimal „Wappen“ fällt, beträgt $\frac{1}{2}$.

Die Pfadregeln lassen sich auch auf Sachverhalte anwenden, bei denen die Ergebnisse auf den einzelnen Stufen nicht gleichwahrscheinlich sind.

Beispiel 5:

In einer Urne sind 4 blaue und 2 rote Kugeln. Jemand zieht mit verbundenen Augen nacheinander zwei Kugeln. Die erste Kugel wird nach dem Ziehen nicht zurückgelegt. Wie groß ist die Wahrscheinlichkeit dafür, dass beide Kugeln die gleiche Farbe haben?

Zunächst soll dieses Zufallsexperiment charakterisiert werden.
Es ist zweistufig. Auf jeder Stufe gibt es zwei mögliche Ergebnisse:
1. Ziehen einer blauen Kugel,
2. Ziehen einer roten Kugel

Für den gesamten Versuch gibt es also die folgenden möglichen Ausgänge:
1. erste Kugel blau, zweite Kugel blau: bb
2. erste Kugel blau, zweite Kugel rot: br
3. erste Kugel rot, zweite Kugel blau: rb
4. erste Kugel rot, zweite Kugel rot: rr

Für die gewählte Fragestellung sind die Ergebnisse bb und rr „günstige Ergebnisse“. Durch die unterschiedliche Anzahl blauer und roter Kugeln in der Urne sind auch die Wahrscheinlichkeiten für das Eintreten der einzelnen Ereignisse unterschiedlich.

1. Stufe:
Wahrscheinlichkeit für das Ziehen einer blauen Kugel:

$$P = \frac{4}{6} = \frac{2}{3}$$

Wahrscheinlichkeit für das Ziehen einer roten Kugel:

$$P = \frac{2}{6} = \frac{1}{3}$$

2. Stufe:
Es sind jetzt nur noch 5 Kugeln in der Urne. Die Wahrscheinlichkeiten sind deshalb in Abhängigkeit vom Ergebnis der ersten Stufe zu bestimmen:

1. Fall:
Beim ersten Zug wurde eine blaue Kugel gezogen
Wahrscheinlichkeit für das Ziehen einer blauen Kugel:

$$P = \frac{3}{5}$$

Wahrscheinlichkeit für das Ziehen einer roten Kugel:

$$P = \frac{2}{5}$$

2. Fall:
Beim ersten Zug wurde eine rote Kugel gezogen
Wahrscheinlichkeit für das Ziehen einer blauen Kugel:

$$P = \frac{4}{5}$$

Wahrscheinlichkeit für das Ziehen einer roten Kugel:

$$P = \frac{1}{5}$$

Diese Überlegungen können auch in einem Baumdiagramm veranschaulicht werden:

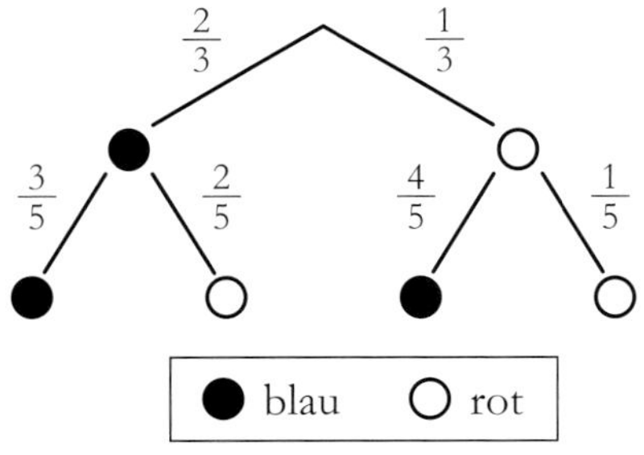

Mithilfe der 1. Pfadregel ermittelt man die Wahrscheinlichkeit für das Eintreten der möglichen Elementarereignisse des Experiments:

bb	br	rb	rr
$\frac{6}{15}$	$\frac{4}{15}$	$\frac{4}{15}$	$\frac{1}{15}$

Um die Wahrscheinlichkeit für das Ziehen von zwei gleichfarbigen Kugeln zu ermitteln, nutzt man die 2. Pfadregel und addiert die Wahrscheinlichkeiten der für unsere Fragestellung günstigen Ereignisse:

$$P(bb) + P(rr) = \frac{6}{15} + \frac{1}{15} = \frac{7}{15}$$

Die Wahrscheinlichkeit für das Ziehen von zwei gleichfarbigen Kugeln beträgt demnach $\frac{7}{15}$.

Literatur

Eichler, A. / Vogel, M. (2009): *Leitidee Daten und Zufall. Von konkreten Beispielen zur Didaktik der Stochastik.* Wiesbaden: Vieweg und Teubner.

Eichler, K.-P. (2010): *Wie die Würfel fallen. Zufall und Wahrscheinlichkeit: Fakten und Anregungen.* Grundschule 5, S. 10 - 13.

Kütting, H. (1994): *Didaktik der Stochastik* Mannheim, Leipzig, Wien, Zürich: BI-Wiss.-Verl.

Kütting, H. / Sauer, M. J. (2011): *Elementare Stochastik. Mathematische Grundlagen und didaktische Konzepte.* Heidelberg: Spektrum, Akad. Verl.

Daten erfassen und darstellen in der Grundschule

Es bedarf keines langen Suchens nach Gründen für die Behandlung des Umgangs mit Daten in der Grundschule. Kinder, die mit offenen Augen durch die Welt gehen, kommen an Daten nicht vorbei. Man braucht nur an technische Angaben auf Quartettkarten, grafische Darstellungen in Zeitungen über Wetter, Sport und Wahlen zu denken. Auf Lebensmittelverpackungen sind Angaben über die Zusammensetzung und zur Kalorienzahl des Inhalts zu finden. Auch in Schulbüchern anderer Fächer, besonders des Sachunterrichts, werden die Kinder mit Darstellungen, die Daten wiedergeben, konfrontiert. In vielen Lehrplänen der Bundesländer gibt es eigentlich schon immer Hinweise zur Behandlung von statistischen Fragestellungen im Mathematikunterricht, die Umsetzung im Unterricht ist sicher unterschiedlich. Häufig hatte das Thema eher die Funktion eines Hilfsmittels für andere Bereiche. Durch die von der Kultusministerkonferenz beschlossenen Bildungsstandards bekam das Thema neue Bedeutung. Danach sollen die Kinder bis zum Ende der 4. Jahrgangsstufe für den Teilaspekt „Daten erfassen und darstellen“ der Leitidee „Daten, Häufigkeit und Wahrscheinlichkeit“ die folgenden inhaltsbezogenen mathematischen Kompetenzen erworben haben:

„*... in Beobachtungen, Untersuchungen und einfachen Experimenten Daten sammeln, strukturieren und in Tabellen, Schaubildern und Diagrammen darstellen, aus Tabellen, Schaubildern und Diagrammen Informationen entnehmen.*“ (KMK 2005, S. 11)

Betrachtet man diese Kompetenzen mit den „Augen der Statistik“, so geht es um zwei sich bedingende Aspekte, das **Sammeln und Darstellen von Daten** einerseits und das **Verstehen entsprechender Datensammlungen und Darstellungen** andererseits.

In Erläuterungen zu den Bildungsstandards werden diese Ziele konkretisiert:

„Die Schülerinnen und Schüler sollen also lernen,

- wie man Daten über Objekte oder Ereignisse erfasst,
- wie man sie dokumentiert, insbesondere dann, wenn sie flüchtig (vergänglich) sind,
- dass es erforderlich ist, vor der Datenerhebung Kriterien oder Merkmale festzulegen, nach denen die beobachteten Objekte oder Ereignisse unterschieden werden sollen,
- wie man die so erfassten Daten für andere Personen übersichtlich in Tabellen und Diagrammen darstellt,
- dass es hilfreich oder sogar notwendig sein kann, die Daten noch weiter zu bearbeiten, um ihren Informationswert zu erhöhen,
- wie man solchen Darstellungen Informationen entnimmt und diese dann benutzt.“

(Hasemann / Mirwald / Hoffmann, 2008, S. 145)

Dieses Kapitel möchte Anregungen für die Umsetzung der Leitidee „Daten erfassen und darstellen“ im Unterricht der Grundschule geben. Die Gliederung des Kapitels orientiert sich an folgenden „Eckpunkten“, denen bei der Entwicklung der aufgezeigten Kompetenzen besondere Beachtung geschenkt werden sollte:

- Erste Erfahrungen beim Erfassen und Darstellen von Daten sammeln – Statistik von der ersten Schulwoche an
- Verständnis für grafische Darstellungen entwickeln
- Arbeiten mit grafischen Darstellungen

- Eigene Datenerhebungen – Beobachtungen und Umfragen
- Mittelwerte und Hochrechnungen

Die Abfolge ist nicht als Lehrgang zu verstehen und die „Eckpunkte" müssen nicht in strenger Reihenfolge durchlaufen werden. Sie können auf unterschiedliche Art und Weise realisiert werden. Einige Inhalte werden in verschiedenen Abschnitten aufgegriffen und aus unterschiedlichen Blickwinkeln betrachtet.
Für die Umsetzung im Unterricht sollte ein ausgewogenes Verhältnis zwischen zwei Vorgehensweisen gefunden werden:

1. Bei der Behandlung von verschiedenen Sachthemen inner- und auch außerhalb der Mathematik werden statistische Aufgaben integriert.
2. Die Auseinandersetzung mit statistischen Inhalten erfolgt in eigenständigen Lern- und Übungsphasen.

Erste Erfahrungen beim Erfassen und Darstellen von Daten sammeln – Statistik von der ersten Schulwoche an

Das Sammeln von Daten jeder Art wird von vielen Kindern schon spontan vor dem Eintritt in die Schule betrieben. Diese Erfahrungen können als guter Anknüpfungspunkt für einen systematischen Umgang mit Daten genutzt werden. Durch entsprechende Lernangebote und sinnstiftende Anlässe bieten sich schon ab der ersten Schulwoche vielfältige Möglichkeiten zur Auseinandersetzung mit statistischen Inhalten. Das Ziel besteht dabei natürlich nicht in einer eigenständigen Behandlung der Thematik in einem Lehrgang. In enger Verbindung vor allem mit der mathematischen Leitidee „Zahlen und Operationen" sollen die Schüler anhand von geeigneten Aufgaben und Fragestellungen zum Erfassen und Darstellen von Daten angeregt werden. Besonders bieten sich Sachverhalte aus dem unmittelbaren Umfeld der Schüler wie „Unsere Klasse" oder „Unsere Schule" an. Schulanfänger lernen die Schule und besonders die eigene Klasse als ihre neue Lebens- und Arbeitswelt kennen. In diesen Prozess lassen sich sinnstiftende Anlässe und Fragen einfügen, aus denen sich einfache statistische Aufgabenstellungen ergeben. (vgl. dazu auch Klunter / Raudies / Veith 2010, S. 7 - 18).

Beispiel 1: Wir lernen unsere Klasse kennen

Wie viele Geschwister haben die einzelnen Schüler?
Welche Haustiere haben die einzelnen Schüler? Wie viele?
Welche Lieblingstiere haben die einzelnen Schüler? Wie oft kommt das einzelne Tier vor?
Welche Vornamen kommen in der Klasse vor? Wie oft?
Wie viele Schüler haben in den einzelnen Monaten Geburtstag?

Entsprechend der konkreten Situation in der Klasse kann der Fragenkatalog modifiziert und ergänzt werden. Beim Sammeln von Daten werden die Schüler mit der Notwendigkeit konfrontiert, diese auch festzuhalten. Dazu können sie verschiedene einfache Darstellungsmöglichkeiten kennenlernen.
Ein enaktiver Zugang kann die Beantwortung der Fragen aus Beispiel 1 unterstützen. Für jede in den Fragen auftretende Merkmalsausprägung kann ein Baustein, Steckwürfel oder anderer Gegenstand gelegt werden, sodass Türme entstehen, die die Anzahlen repräsentieren, es können aber auch Strichlisten oder Tabellen angelegt werden.

Exemplarisch für die Beantwortung der Frage „Wie viele Geschwister haben die einzelnen Schüler?“ kann die folgende Darstellung entstehen, indem jedes Kind einen Baustein zur Anzahl seiner Geschwister legt.

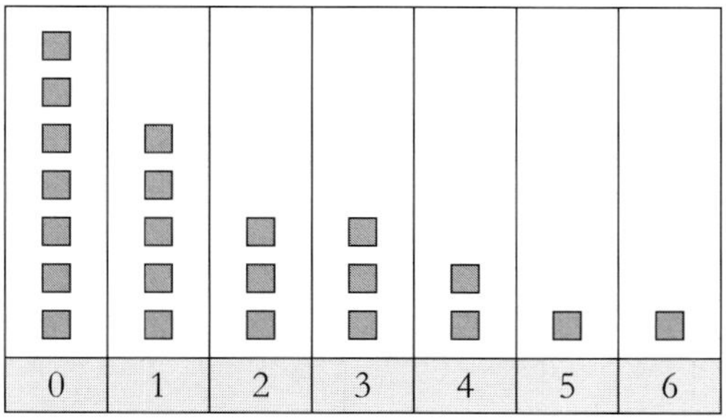

Auf diese Weise wird auch schon ein erstes Bild von dem später zu behandelnden Streifen- bzw. Säulendiagramm vermittelt.
Eine Schwierigkeitssteigerung stellt die getrennte Erfassung der Daten von Jungen und Mädchen dar. In diesem Zusammenhang kann als zweckmäßige Darstellungsform z. B. für die Frage „Lieblingstiere der Schüler“ eine Tabelle gewählt werden. Beim Ausfüllen kann sowohl mit Strichen als auch mit Ziffern operiert werden.

	Hund	Katze	Pferd	…	…
Jungen					
Mädchen					
Gesamt					

Beispiel 2: Geburtstagskalender

In welchen Monaten haben die Kinder unserer Klasse Geburtstag?

Für die Beantwortung bekommt jedes Kind eine Karte mit seinem Namen, die in die Spalte zum jeweiligen Monat gehängt wird.

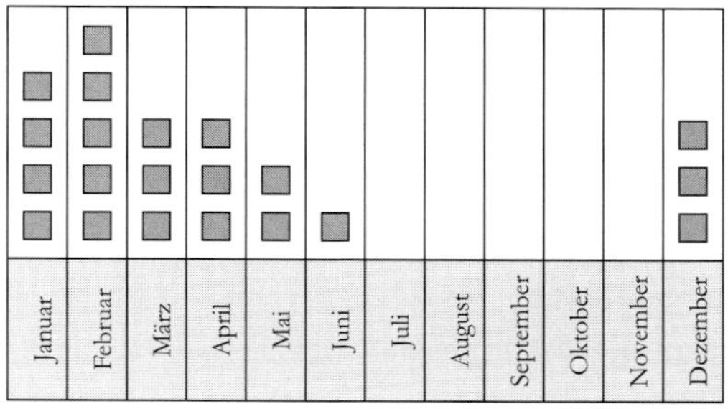

Mit der Durchführung kleiner Umfragen beispielsweise zum gegenseitigen Kennenlernen oder der Erkundung des Klassenraums aus mathematischer Sicht können die Schülerinnen und Schüler beginnen, Daten selbstständig zu erfassen. Vorbereitete Erfassungsbögen zur Anfertigung von Strichlisten dienen als methodische Hilfen.

Beispiel 3: Wir erkunden unseren Klassenraum

Wie viele von den einzelnen Gegenständen findest du im Klassenraum?
Mache einen Strich, wenn du einen neuen Gegenstand gefunden hast.
Zähle dann die Striche für jeden Gegenstand.

In unserem Klassenraum finde ich …

Tische	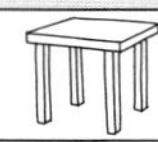	
Stühle		
Schränke		
Lampen		
Bücher		
Bilder		
Becher		
Kinder		

Um möglichst viele Fakten zu sammeln, kann in Gruppen mit differenzierten Arbeitsaufträgen gearbeitet werden. Diese sollten auch Gelegenheit bekommen, ihre Ergebnisse vor der gesamten Klasse oder auf Plakaten zu präsentieren.
Auf die methodische Gestaltung von Umfragen, die in einfacher Form zu diesem Zeitpunkt auch schon denkbar sind, wird an anderer Stelle ausführlich eingegangen.

Durch die Wahl einer entsprechenden Fragestellung können auch schon die aus statistischer Sicht interessanten Probleme **Mehrfachnennung und Nichtbeantworten einer Frage** thematisiert werden. Beispielsweise kann es bei der Erfassung der Angaben zur Frage „Was für ein Haustier hast du?“ vorkommen, dass Kinder mehrere Haustiere angeben. Andererseits gibt es auch Kinder, die kein Haustier haben.

Ein weiterer, für Kinder sicher nicht unerheblicher Aspekt, ist die **Konkretisierung der Merkmalsausprägung**. So kann darüber gesprochen werden, ob der Hund der Oma, mit dem das Kind häufig spielt, zu den eigenen Haustieren gehört oder ob auch das kürzlich verstorbene Meerschweinchen noch als Haustier gezählt werden kann.
Das Erfassen von Daten lässt sich auch mit anderen Inhalten verbinden, die im Anfangsunterricht (nicht nur des Faches Mathematik) thematisiert werden können. So kann beim Lesen von kleinen Texten die Anzahl der Wörter oder der Buchstaben der einzelnen Wörter erfasst werden. Diese Idee kann in späteren Schuljahren zur Analyse der Häufigkeit des Vorkommens der Buchstaben in der deutschen Sprache ausgebaut werden (vgl. Häring 2009).

Verständnis für grafische Darstellungen entwickeln

Die Entwicklung von Kompetenzen im Umgang mit grafischen Darstellungen ist zentrales Anliegen der Leitidee „Daten und Häufigkeit“. In der Auseinandersetzung mit ihrer Umwelt (auch außerhalb der Schule) machen viele Kinder schon Erfahrungen mit einigen grafischen Darstellungen. Dabei gewinnen sie mitunter wertvolle Erkenntnisse, es bilden sich aber auch häufig fehlerhafte Auffassungen. Dieses Spannungsfeld sollte im Hinblick auf die Ausgangssituation bei jeder Klasse berücksichtigt werden. Es ist eine unbestrittene Tatsache, dass der Umgang mit grafischen Darstellungen nicht wenigen Schülern (nicht nur in der Primarstufe) Schwierigkeiten bereitet. Der Unterricht sollte sich deshalb nicht darin erschöpfen, den Kindern Algorithmen zum Lesen und Anfertigen von grafischen Darstellungen vorzugeben und mit ihnen einzuüben, sondern zunächst anknüpfend an die vorhandenen Kenntnisse inhaltliches Verständnis zu entwickeln.

Im Folgenden werden wesentliche Stufen thematisiert, die Kinder auf dem Weg zum Verständnis grafischer Darstellungen durchlaufen können (vgl. Lörcher und Lörcher 1975, S. 117 ff., Schwalm 2008, Naumann 2008). Diesem Vorgehen liegt eine fortschreitende Schematisierung im Sinne der Brunerschen Repräsentationsebenen zu Grunde. Die Ausführungen konzentrieren sich auf Streifen- bzw. Säulendiagramme. Hinweise zur Entwicklung des inhaltlichen Verständnisses von anderen grafischen Darstellungen erfolgen im Abschnitt „Arbeit mit grafischen Darstellungen“.

1. Stufe

Ziel der 1. Stufe ist es, Verständnis für die Darstellungsform auf enaktiver Ebene aufzubauen. Dazu sollten zunächst Beispiele genutzt werden, in der ein Merkmal betrachtet wird, zu dem nur zwei Merkmalsausprägungen gegeben sind. Fragestellungen aus dem unmittelbaren Umfeld der Kinder, wie die für den Anfangsunterricht vorgestellten, können die Entwicklung des Verständnisses für die Darstellungsform unterstützen.

> **Beispiel:**
> Gibt es mehr Jungen oder Mädchen in unserer Klasse?

Jedes Kind legt seinem Geschlecht entsprechend einen Gegenstand, z.B. einen Baustein (gleicher Größe) oder einen Steckwürfel, an die jeweilige ausgewiesene Stelle. So entstehen zunächst zwei Haufen, die die Anzahl der Jungen bzw. Mädchen in der Klasse repräsentieren.

Die Kinder werden sicher schnell erkennen, dass ein Vergleich der Anzahlen ungeordneter Dinge nur schwer möglich ist und die Gegenstände in zwei Reihen anordnen, die miteinander verglichen werden können. Zum Beschreiben werden die Kinder angeregt, bekannte Relationen wie „mehr als", „weniger als", „höher als" zu verwenden.

2. Stufe

Wesentliches Merkmal der 2. Stufe ist der Übergang vom Vergleich zweier Reihen zum Vergleich mehrerer Reihen. Es werden jetzt mehr als zwei Merkmalsausprägungen zu einem Merkmal betrachtet. Die Darstellung erfolgt wie in Stufe 1 in der dreidimensionalen Ebene (Säulen).

> **Beispiel:**
> Welche Hobbys haben die Kinder unserer Klasse?

Jedes Kind, das ein bestimmtes Hobby hat, legt einen Stein zu dem Schild mit der jeweiligen Merkmalsausprägung. Auf diese Weise werden die absoluten Häufigkeiten dargestellt und miteinander verglichen. Falls die Kinder noch andere Hobbys als die vorgegebenen haben, können diese ergänzt oder unter der Rubrik „Sonstige" erfasst werden.

3. Stufe

Auf der 3. Stufe erfolgt der Übergang von der enaktiven zur ikonischen Ebene und auch von der räumlichen (Säule) zur flächenhaften Darstellung (Streifen). Für die Veranschaulichung werden zunächst gleichartige Bilder, später Einheitsquadrate verwendet.

Beispiel:

Welche Haustiere haben die Kinder unserer Klasse?

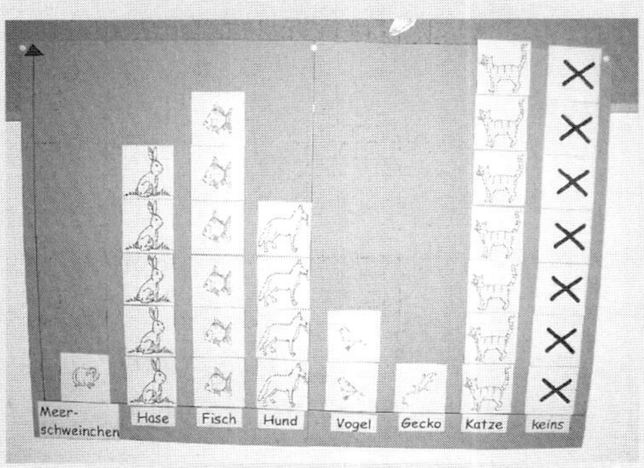

Spätestens auf dieser Stufe sollte den Schülern bewusst werden, dass eine beliebige Anordnung der Bilder bzw. Quadrate keinen Vergleich auf einen Blick ermöglicht. Sie sollen erkennen, dass alle Säulen bzw. Streifen auf einer Anfangslinie beginnen müssen, um auf das Abzählen verzichten zu können. Es kann auch zunehmend zu Koordinatensystemen übergegangen werden.

4. Stufe

Auf der 4. Stufe erfolgt die weitere Schematisierung durch den Übergang zur symbolischen Ebene. Die erhobenen Anzahlen der Merkmalsausprägungen werden durch das Färben von Kästchen in einem Koordinatensystem dargestellt. So entstehen gezeichnete Blöcke (Streifen), bei denen Vergleiche ohne Auszählen durchgeführt werden können.

Beispiel:

Welche Lieblingsgerichte haben die Kinder unserer Klasse?

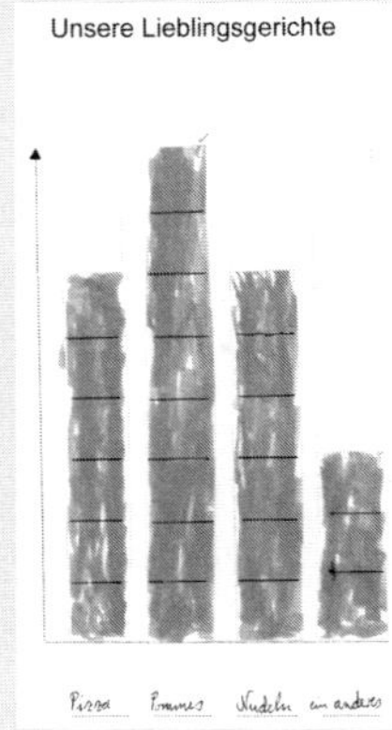

5. Stufe

Einen gewissen Abschluss auf dem Weg zur grafischen Darstellung bildet der Übergang von Blöcken (Streifen aus Quadraten) zur abstrakten Darstellungsform des Streifendiagramms. Der einzelne Gegenstand ist nun nicht mehr als Quadrat zu erkennen, sondern die jeweilige Gesamtzahl ist aus der Gesamtlänge der Quadrate (Rechtecke der gleichen Breite) in einem Koordinatensystem zu entnehmen. Hierfür benötigen die Kinder Kenntnisse über Längen und Maßstäbe.

Beispiel:

Welche ist deine Lieblingsmannschaft bei der Fußballweltmeisterschaft?

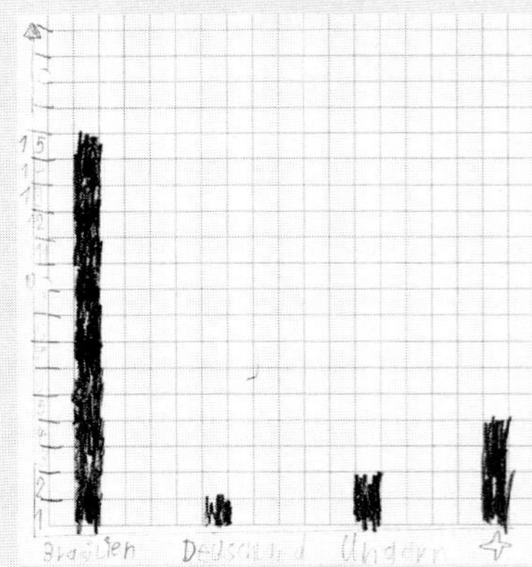

Das Heranführen an die Arbeit mit Diagrammen erfordert nicht zwingend, dass alle Kinder alle Stufen in der gleichen Form durchlaufen. Für die Umsetzung im Unterricht sind mehr oder weniger kleine Projekte zu empfehlen, die die Kinder auch zum Erfassen und Darstellen von Daten herausfordern. Bei Bedarf können gestufte Lern- und Übungsphasen zur Vermittlung des Handwerkszeugs eingeschoben werden, das zum Bereitstellen für das selbstständige Erfassen von Daten notwendig ist (vgl. Naumann 2008, S. 17). Die für die Charakterisierung der einzelnen Stufen genutzten Beispielaufgaben sind hinsichtlich der gewählten Sachverhalte austauschbar. Es ist empfehlenswert, das Umfeld der Kinder und auch aktuelle Ereignisse einzubeziehen. Zunehmend sollten auch Themenvorschläge der Kinder Berücksichtigung finden. Der Zeitraum, in dem mit den Lernangeboten gearbeitet wird, kann sehr unterschiedlich sein. Anfänge sollten wie im Abschnitt „Erste Erfahrungen beim Erfassen und Darstellen von Daten sammeln – Statistik von der ersten Schulwoche an“ dargestellt im 1. Schuljahr gelegt werden. Unterrichtserfahrungen, die den Ausführungen dieses Kapitels zugrunde liegen, wurden vor allem im 2. Schuljahr gesammelt. Das Anfertigen von Diagrammen erfolgt verstärkt ab dem 3. Schuljahr.

Arbeiten mit grafischen Darstellungen

Bei der Arbeit mit grafischen Darstellungen ist im Wesentlichen zwischen drei verschiedenen Aufgabentypen zu unterscheiden, die unterschiedliche Ziele verfolgen und folglich auch verschiedene Anforderungen verlangen:

- Entnehmen von Informationen aus grafischen Darstellungen (Interpretieren und Auswerten von Statistiken)
- Anfertigen von grafischen Darstellungen
- Vergleichen verschiedener Darstellungen des gleichen Sachverhalts

Erfahrungsgemäß fällt es Schülerinnen und Schülern meist leichter, Daten aus Diagrammen zu entnehmen und zu interpretieren als eigene Darstellungen anzufertigen. Im Unterricht sollten die Aufgabentypen allerdings nicht streng isoliert eingesetzt werden, es ist ein Wechsel der Aufgabentypen zu empfehlen. Dies kann sowohl in eigenständigen Sequenzen als auch durch die Integration bei der Bearbeitung von Sachthemen erfolgen.

Entnehmen von Informationen (Interpretieren und Auswerten von Statistiken)

Bei der Arbeit mit diesem Aufgabentyp sollen die Schüler lernen, Datensammlungen zu verstehen, diesen Aussagen zu entnehmen, sie kritisch zu reflektieren und auch fehlerhafte Darstellungen (z. B. aus Massenmedien) zu erkennen.

Zum Bereitstellen entsprechender Datensammlungen gibt es für den Unterricht zwei grundsätzliche Möglichkeiten:

- Den Schülern werden vorgefertigte (didaktisch aufbereitete) Datensammlungen präsentiert.
- Die Schüler gewinnen die Daten selbst.

Beide Wege haben je nach Zielsetzung im Unterricht ihre Berechtigung. Beim ersten Weg kann durch entsprechende Akzentuierungen bei der Vorgabe der Daten auf spezielle Schwerpunkte aus mathematischer Sicht gezielter hingearbeitet werden. Der zweite Weg ist für die Schüler ansprechender und intrinsisch motivierender, da ihre Erfahrungswelt

berücksichtigt und damit ihr Interesse stärker angesprochen wird.
Im Folgenden steht die Arbeit mit verschiedenen grafischen Darstellungen im Vordergrund, das selbstständige Gewinnen von Daten durch die Schüler wird im Abschnitt „Eigene Datenerhebungen – Beobachtungen und Umfragen“ thematisiert.
Für die Arbeit mit grafischen Darstellungen ist es wichtig, dass die Schüler lernen, sich immer wieder die beiden folgenden Fragen zu stellen:
Was wird dargestellt?
Welche Informationen kann ich den Darstellungen entnehmen?
Mitunter brauchen einige Kinder noch Unterstützung, den präsentierten Datensammlungen (Tabellen oder Schaubilder) das Wesentliche zu entnehmen. Deshalb kann es hilfreich sein, zu den Darstellungen Fragen vorzugeben, zu deren Beantwortung Informationen aus diesen entnommen werden müssen. Später sollten die Schülerinnen und Schüler angeregt werden, selbst sinnvolle Fragen zu einer grafischen Darstellung zu stellen.

Auch wenn in der Grundschule Tabellen und Streifendiagramme als grafische Darstellungen im Zentrum stehen, werden bei den folgenden Beispielen auch solche aufgeführt, die Anregungen zum Umgang mit anderen Darstellungsformen geben. Bei den Beispielen 1 und 2 sollen die Kinder erkennen, welche Daten in der Tabelle bzw. im Streifendiagramm dargestellt sind. Zur Beantwortung der Fragen in Teilaufgabe b müssen die Angaben den Darstellungen entnommen werden.

Beispiel 1: Tabelle
Lieblingstiere der Kinder

Die Kinder der 2. Klassen wurden nach ihren Lieblingstieren befragt. Die Ergebnisse der Umfrage sind in einer Tabelle dargestellt.

Lieblingstier	Mädchen	Jungen
Hund	5	6
Katze	3	4
Kaninchen	2	4
Pferd	6	1
Sonstige	1	2

a) Schau dir die Tabelle genau an.
Was kannst du ablesen?

b) Beantworte folgende Fragen mithilfe der Tabelle.
Welches Lieblingstier haben die meisten Kinder?
Wie viele Kinder haben ein Pferd als Lieblingstier?
Wie viele Kinder wurden befragt?
Wurden mehr Jungen oder mehr Mädchen befragt?

Beispiel 2: Streifendiagramm

Hobbys

a) Gib an, wie viele Kinder welches Hobby haben.

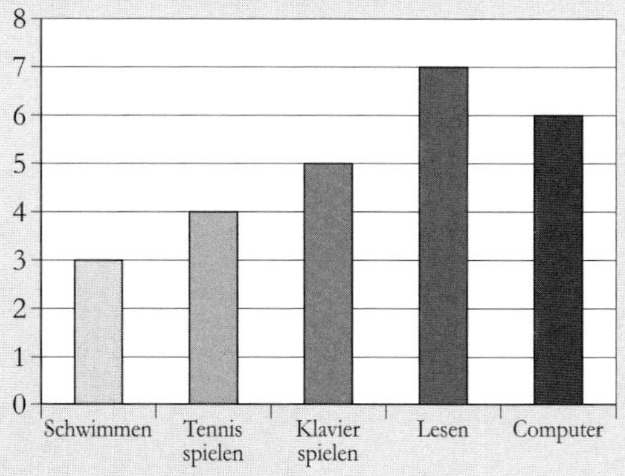

Schwimmen: ________ Kinder

Tennis spielen: ________ Kinder

Klavier spielen: ________ Kinder

Lesen: ________ Kinder

Computer: ________ Kinder

b) Beantworte folgende Fragen:
Welches Hobby haben die meisten Kinder?
Welches Hobby haben die wenigsten Kinder?
Welches Hobby hat Lisa?

c) Stelle eigene Fragen, die man mit der Abbildung beantworten kann.

Eine Schwierigkeitssteigerung stellen Diagramme dar, bei denen durch die Verwendung größerer Zahlen auf die Skalierung geachtet werden muss und Werte nicht mehr genau abgelesen werden können.

Beispiel 3: Streifendiagramm

Besucher im Schwimmbad

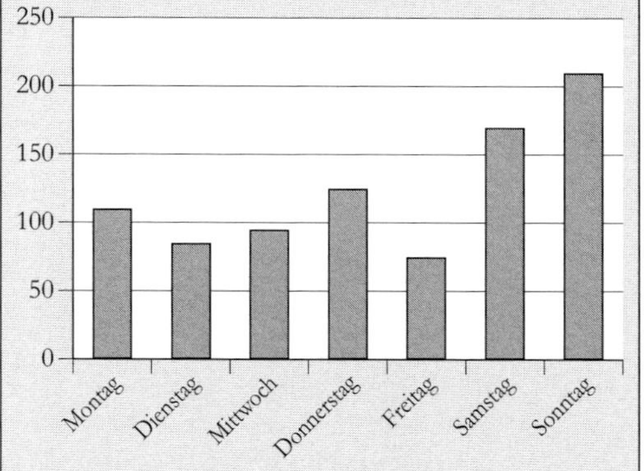

Beantworte folgende Fragen:

Wie viele Besucher kamen an den einzelnen Tagen ins Schwimmbad?

Wie viele Besucher hatte das Schwimmbad in der gesamten Woche?

Wie viele Besucher waren es am Sonntag mehr als am Mittwoch?

Die Beispiele 4 bis 6 zeigen drei unterschiedlich aufgebaute Piktogramme.
Bei Beispiel 4 wird für jede Tierart ein anderes Symbol verwendet. Die Anzahl kann direkt abgezählt werden.

Beispiel 4: Piktogramm Lieblingstiere

Nach dem Zoobesuch nennen die Kinder der Klasse ihre Lieblingstiere.

Welches Tier wird am häufigsten genannt?
Wie oft wird es genannt?

Im Piktogramm zu Beispiel 5 wird für die Bücher jedes Themenbereichs das gleiche Symbol verwendet.

Beispiel 5: Piktogramm – Bücher

Peter sortiert die Bücher in seinem Bücherregal nach Themenbereichen. Er hat davon ein Schaubild angefertigt.

Wie viele Bücher besitzt Peter zu den einzelnen Themenbereichen?

Bei Beispiel 6 steht ein Symbol für 1 Million Einwohner. Die Werte wurden vor der Darstellung gerundet und geben den Sachverhalt näherungsweise wieder.

Beispiel 6: Piktogramm – Einwohnerzahlen

Einwohnerzahlen einiger Bundesländer im Vergleich:

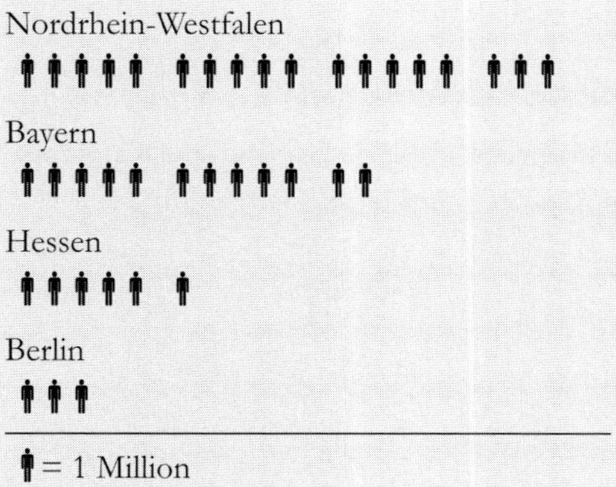

Der Arbeit mit Kreisdiagrammen sind in der Grundschule aus fachlicher Sicht objektive Grenzen gesetzt. Aufgabenstellungen zum Vergleich von Häufigkeiten und zum Abschätzen spezieller Werte sind aber möglich. Gleichzeitig entwickeln sich durch diese Aufgaben erste Vorstellungen vom Aufbau dieser Art von Diagrammen.

Beispiel 7: Kreisdiagramm – Verkehrszählung

Bei einer Verkehrszählung wurden insgesamt 100 Fahrzeuge gezählt. Die Ergebnisse sind in einem Kreisdiagramm dargestellt.

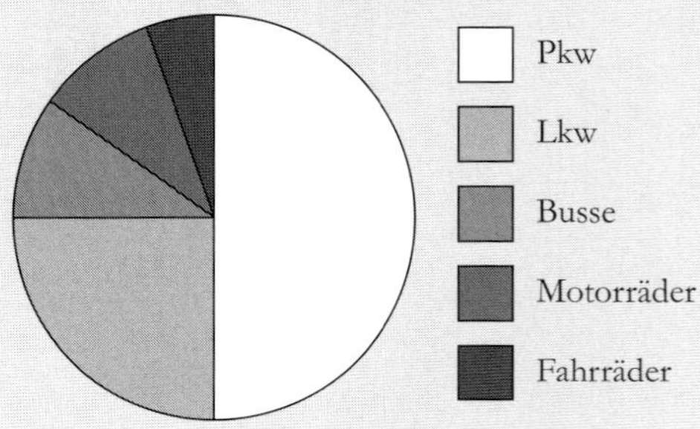

Beantworte folgende Fragen:

Von welchem Fahrzeugtyp waren es die meisten Fahrzeuge?
Wie viele Fahrzeuge von welchem Typ sind etwa gezählt worden?

Liniendiagramme sind gut geeignet, um Entwicklungen zu verdeutlichen. Für Beispiel 8 haben wir die Entwicklung von Welpen ausgewählt. Im Diagramm 8a ist die Entwicklung für einen Welpen dargestellt, im Diagramm 8b die Entwicklung für zwei Welpen. Dies kann auf weitere Welpen eines Wurfs ausgebaut werden. Unser Beispiel zeigt die Gewichtsentwicklung von der Geburt bis zur 8. Woche. Die Diagramme können den Kindern auch wöchentlich präsentiert werden.

Beispiel 8a: Liniendiagramm
Gewichtsentwicklung des Welpen Aliya

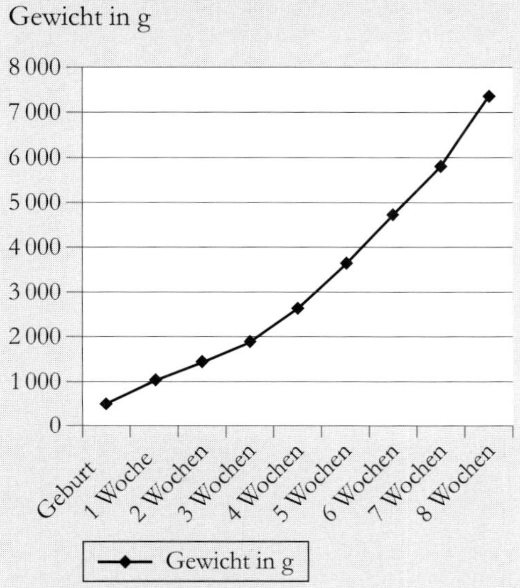

Mögliche Fragen:

- Was ist dargestellt?
- Wie schwer war Aliya bei der Geburt?
- Wie schwer war Aliya nach 4 Wochen, 8 Wochen … ?

Beispiel 8b: Liniendiagramm
Gewichtsentwicklung der Welpen Aliya und Finn

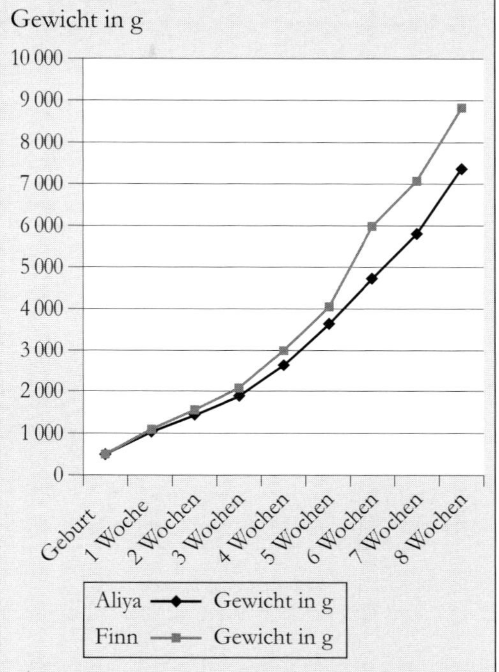

Mögliche Frage zur Gewichtsentwicklung beider Hunde:
Um wie viel Gramm war Finn nach 8 Wochen schwerer als Aliya?

Diagramme aus Zeitungen und Zeitschriften können authentisches Material liefern. Allerdings ist es nicht ganz einfach, Beispiele zu finden, die Schüler interessieren und von ihnen auch verstanden werden.

Die Darstellungen zum Thema „Wetter“ vereinen verschiedene Diagrammarten und stellen eine Verbindung zum Sachunterricht her.

Beispiel 9: Wetter

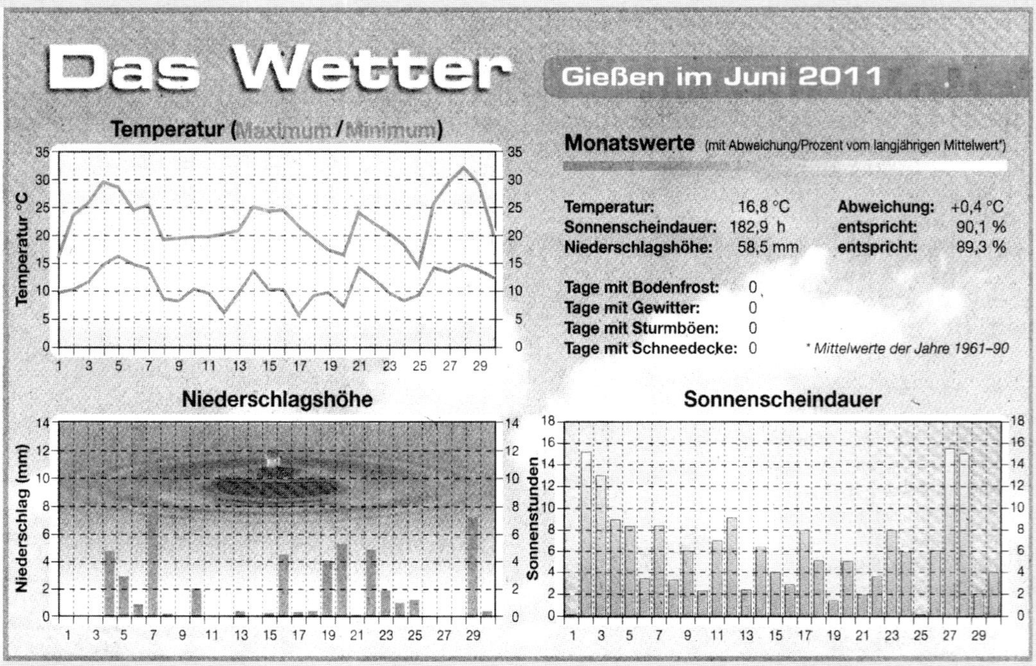

Da einige Diagramme ihre Aktualität nicht so schnell verlieren, ist es empfehlenswert, eine Sammlung anzulegen, die bei Bedarf genutzt werden kann (vgl. Grundschule Mathematik Heft 21/2009, Materialpaket). Das Analysieren von Diagrammen in Zeitungen und Zeitschriften kann auch sehr gut im fächerübergreifenden Unterricht durchgeführt werden.

Drei Beispiele sollen in dieser Hinsicht genauer betrachtet werden.

Der Sachverhalt zu dieser Grafik wird von den Schülern sicher verstanden und kann auch auf deren Interesse stoßen. Die Daten liefern Anregungen für interessante Fragen (Vergleich EU – China, Vergleich Deutschland andere Länder ...). Die Prozentangaben können in der Grundschule unberücksichtigt

Beispiel 10: Automarkt

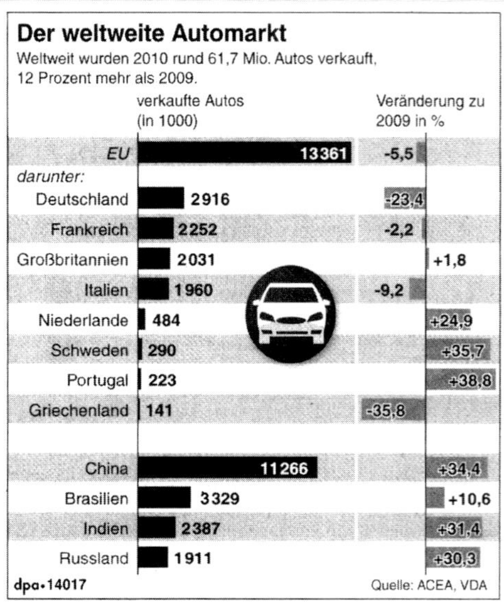

Getragen von einer hohen Nachfrage in Brasilien, Russland, Indien, China und auch den Vereinigten Staaten ist der weltweite Autoabsatz im vergangenen Jahr deutlich gestiegen. (dpa)

bleiben. Erklärungsbedarf besteht zu den Angaben an den Streifen. Die Kinder müssen die Angabe „verkaufte Autos (in 1000)“ verstehen und erkennen, dass für die tatsächlichen Verkaufszahlen die Angaben im Diagramm mit 1000 multipliziert werden müssen. Dass die Zahlen den für die Grundschule vorgesehenen Zahlenraum überschreiten, ist eher unbedenklich, es kann sogar die Entwicklung von Größenvorstellungen zu sehr großen Zahlen unterstützen.

Beispiel 11: Politbarometer

Die Daten zu beiden Diagrammen sind als Prozentangaben gegeben. Auch wenn die Prozentrechnung erst in der Sekundarstufe behandelt wird, können viele Grundschulkinder die Inhalte schon verstehen. Im „Politbarometer“ werden sie an der Länge der Streifen erkennen, welche Partei die meisten Stimmen bei der nächsten Wahl bekommen würde. Außerdem kann die Bedeutung der Pfeile interpretiert werden.

In ähnlicher Weise kann mit dem Diagramm zum Taschengeld gearbeitet werden: Welchen Betrag bekommen die meisten Schüler?

Um die Größenverhältnisse noch klarer darzustellen, kann das Streifendiagramm in ein Blockdiagramm „verwandelt“ werden, in dem die Streifen hintereinander gesetzt werden.

Beispiel 12: Taschengeld

Anfertigen von grafischen Darstellungen

Grafische Darstellungen werden angefertigt, um erfasste Daten zu dokumentieren und für andere Personen verständlich zu machen. Diese Erkenntnis sollen Schülerinnen und Schüler schon in der Primarstufe gewinnen. Dazu müssen sie die Kompetenz erwerben, zunehmend selbstständiger aus selbst erfassten oder vorgegebenen Daten grafische Darstellungen anzufertigen. Ebenso wie beim Entnehmen von Informationen muss sich auch das Anfertigen von Diagrammen nicht auf Streifendiagramme beschränken. Das Kennenlernen anderer Darstellungsmöglichkeiten erfolgt auch mit dem Ziel, dass sich die Schüler später nicht einseitig auf eine Möglichkeit festlegen und erkennen, dass sich mit verschiedenen Darstellungsmöglichkeiten unterschiedliche Schwerpunktsetzungen verbinden lassen (vgl. dazu auch Kapitel 1). Grafische Darstellungen können mindestens ab dem 2. Schuljahr angefertigt werden. Wie bereits erörtert, sollte sich der Unterricht nicht auf die Vorgabe von Algorithmen zum Anfertigen der Darstellungen reduzieren, sondern mit der Herausbildung inhaltlichen Verständnisses verbunden werden. Dazu ist es notwendig, die Schüler behutsam an die in ihrer Gesamtheit relativ komplexe Tätigkeit des Anfertigens von grafischen Darstellungen heranzuführen. Die verschiedenen Teilüberlegungen sollten immer wieder bewusst gemacht werden. Folgende Fragen müssen dabei zunehmend Aufnahme in den Denkprozess der Schüler finden:

- **Welche Daten sollen dargestellt werden?**
- **Welche Darstellungsform eignet sich am besten?**
- **Wie kann ich diese aufbauen? Welche Einteilungen der Achsen sind sinnvoll?**

Vor allem die zweite und dritte Frage sind sehr anspruchsvoll, sodass auch hier entsprechend der Lernausgangslage einer Klasse auf verschiedenen Schwierigkeitsstufen und mit methodischen Hilfen für das Anfertigen von Diagrammen gearbeitet werden kann.

Beispiel 1: Streifendiagramm
Klassensprecherwahl

In einer Grundschulklasse wurde der Klassensprecher neu gewählt. Alle 24 Schüler der Klasse haben eine Stimme abgegeben. Ina erhielt 12 Stimmen, Jonas 4 und Martin 8. Stelle die Stimmenzahl in einem Streifendiagramm dar.

Bei diesem Beispiel ist die Art des Diagramms vorgegeben. Die Schüler müssen sich vor allem Gedanken über die Einteilung der Achsen machen. Diese kann aber auch vom Lehrer vorgegeben werden. Für das Heft der Schüler ist die Wahl von einem Kästchen (auf kariertem Papier) oder 1 cm für eine Stimme sinnvoll.

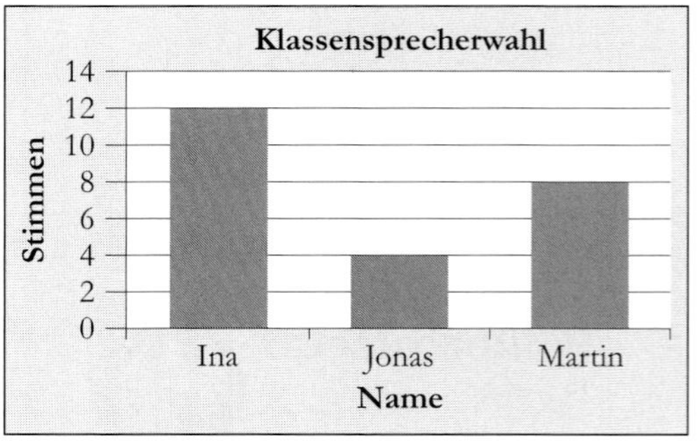

Unterstützung kann eine Handlungsanweisung mit den wesentlichen Schritten zum Anfertigen von Diagrammen geben, die während der Bearbeitung einzelner Beispiele entwickelt wird und den Schülern bei Bedarf zur Verfügung steht.

Schritte zur Anfertigung eines Streifendiagramms:

Zeichne die Grundlinie.
Zeichne die Maßstabslinie.
Trage die Zahlen auf der Maßstabslinie ein.
Zeichne Streifen passend zu den Daten.
Beschrifte die Streifen.

Entsprechend des Kompetenzniveaus der Schüler können die Aufgabenstellungen mit unterschiedlichen methodischen Hilfen ausgestattet werden. Dazu gehören die Vorgabe der Grundlinie, die Vorgabe des Maßstabs oder die Vorgabe von Streifen aus großen Kästchen.

Erfahrungen zeigen, dass ein Exkurs des doch recht abstrakten Themas in eine projektartige Einheit zu Lernerfolgen führen kann (vgl. Schwalm 2008, Naumann 2008, Stein 2011). Spezielle Übungen können auf bestimmte Teilschritte fokussieren.
Bei dieser Übung sollen die Kinder die Bestandteile des Diagramms erklären.

Beschriften wesentlicher Bestandteile der Darstellung

Hobbys

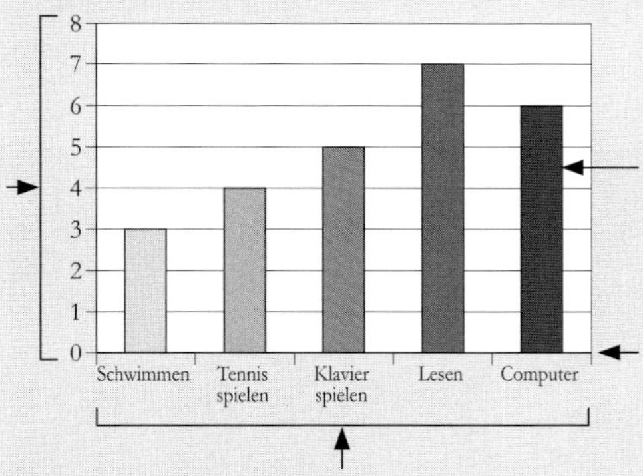

Beschrifte die vier Pfeile.

Die Kinder sollen hier erkennen, dass im oberen Diagramm die Streifen nicht an der Grundlinie beginnen.

Erkennen von fehlerhaften Darstellungen

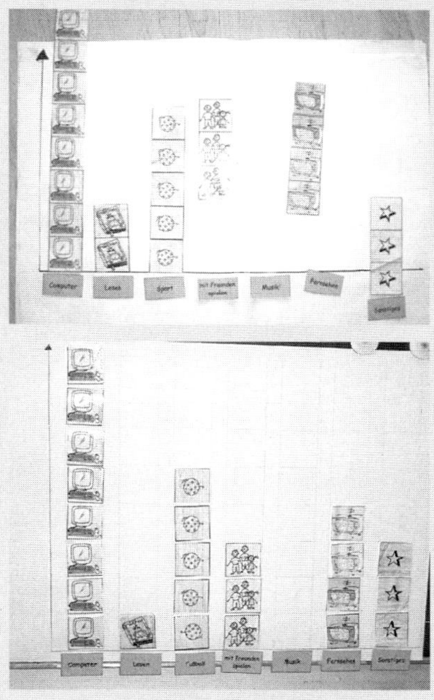

In einem der beiden Diagramme stimmt etwas nicht. Finde den Fehler.

Auch wenn die für das Anfertigen von Kreisdiagrammen mit beliebigen Daten notwendigen Fertigkeiten im Antragen von (beliebig großen) Winkeln in der Regel in der Grundschule noch nicht vorhanden sind, muss darauf in der Grundschule nicht vollkommen verzichtet werden.

Wir greifen dazu das schon für das Streifendiagramm verwendete Beispiel „Klassensprecherwahl“ wieder auf. Dieses wurde mit speziellen Werten und Vorgaben in einer 3. Klasse erprobt (vgl. Schimpf 2009):

Beispiel 2: Kreisdiagramm
Klassensprecherwahl

In einer Grundschulklasse wurde der Klassensprecher neu gewählt. Alle 24 Schüler der Klasse haben eine Stimme abgegeben. Die Tabelle zeigt das Endergebnis.

	Ina	Jonas	Martin
Stimmen	12	4	8

Versuche das Verhältnis dieser drei Werte im folgenden, leeren Kreisschaubild einzuzeichnen:

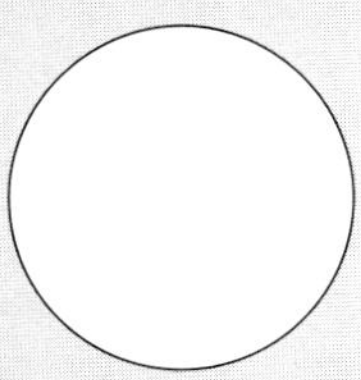

Die Daten im Beispiel sind so gewählt, dass die Hälfte der Stimmen auf Ina fällt und Martin doppelt so viele Stimmen wie Jonas bekommt. Für das Darstellen von Inas Stimmenzahl muss der Kreis halbiert werden. Für das Darstellen der Stimmenzahlen, die Jonas und Martin bekommen haben, muss der andere Halbkreis im Verhältnis 1:2 geteilt werden. Hier reicht ein näherungsweises Einteilen nach Augenmaß. Dies gelang bei der Erprobung der Aufgabenstellung einer Reihe von Drittklässlern.

Das inhaltliche Verständnis für den Aufbau eines Kreisdiagramms kann unterstützt werden, indem die Kinder dessen Entstehung als „Lebendiges Diagramm“ erleben.

Beispiel 3: Kreisdiagramm

Welches Spiel spielen wir?
Lege dein Kreisteil auf ein Feld des Kreises.

Die Kinder der Klasse sitzen um einen Kreis, der in so viele gleich große Sektoren unterteilt ist, wie Kinder in der Klasse sind. Jedes Kind hält einen Kreissektor in der Hand. Zur Frage „Welches Spiel spielen wir?“ darf jedes Kind eine Stimme abgeben. Dazu malt es sein Kreisteil mit der Farbe an, die zum jeweiligen Spiel gehört, und legt es auf den Kreis in der Mitte. Zunächst liegen die Kreissektoren ungeordnet auf dem Kreis.

Sortiert man die Kreissektoren nach Farben, entsteht ein Kreisdiagramm. Die einzelnen Kreissektoren sind sichtbar.

Zur besseren Veranschaulichung können zwischen den Farben noch Schnüre gezogen werden (vgl. Stein 2011).

Grundschüler kommen bei der Behandlung von Größen, aber auch in Verbindung mit Themen des Sachunterrichts mit Sachverhalten in Berührung, die Entwicklungsprozesse zum Inhalt haben. Dies kann durch Liniendiagramme erfasst werden. An dieser Stelle sind die Beispiele Wachstum einer Pflanze, Temperaturmessung und Abbrennen einer Kerze gewählt.

Beispiel 4: Liniendiagramm
Wachstum einer Pflanze

Miss jeden Tag, wie hoch die Pflanze ist, und trage den Wert in ein Diagramm ein.

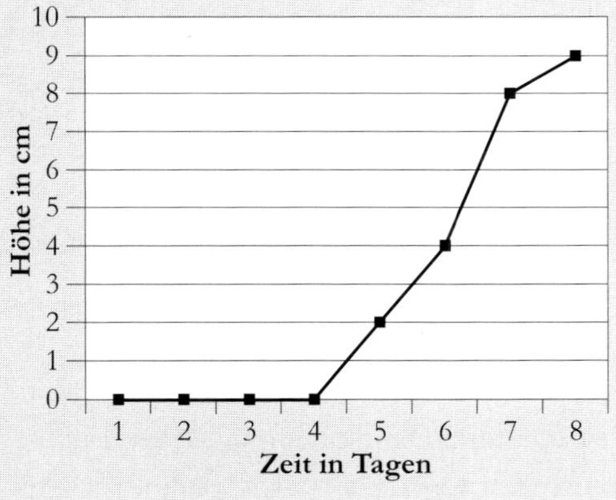

Beispiel 4 bietet sich als Einstieg für das Zeichnen von Liniendiagrammen an, da die Größenwerte leicht einzutragen sind. Als methodische Hilfe können die Achsenbeschriftungen vorgegeben werden.
Anstelle der Beobachtung des Pflanzenwachstums kann man sich auch Werte über die Gewichtszunahme eines Kindes oder Haustiers ab der Geburt beschaffen (vgl. Beispiel 8 des Abschnitts „Entnehmen von Informationen", S. 47).

Temperaturmessungen gehören zu den Inhalten des Sachunterrichts. Die Kinder sollen auch lernen, die Messwerte zu dokumentieren (Beispiel 5).

Beispiel 5: Liniendiagramm – Temperaturmessung

Miss jede Stunde die Temperatur und trage den Wert in das Diagramm ein.

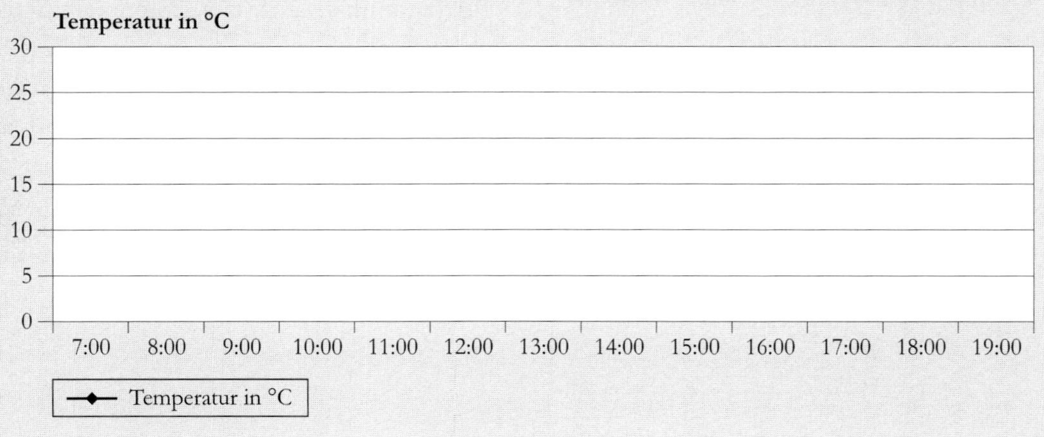

Die beim Abbrennen einer Kerze erfassten Daten können als Grundlage zum Bauen einer Kerzenuhr dienen, die bei der Behandlung des Größenbereichs „Zeit" genutzt werden kann (siehe Parlow/Louwen 1999, S. 10).

Beispiel 6: Liniendiagramm – Abbrennen einer Kerze

Wir lassen eine Kerze abbrennen. Miss die Länge der Kerze, bevor du diese anzündest.
Miss nach jeweils drei Minuten die Länge der Kerze. Trage die Werte in das Diagramm ein.

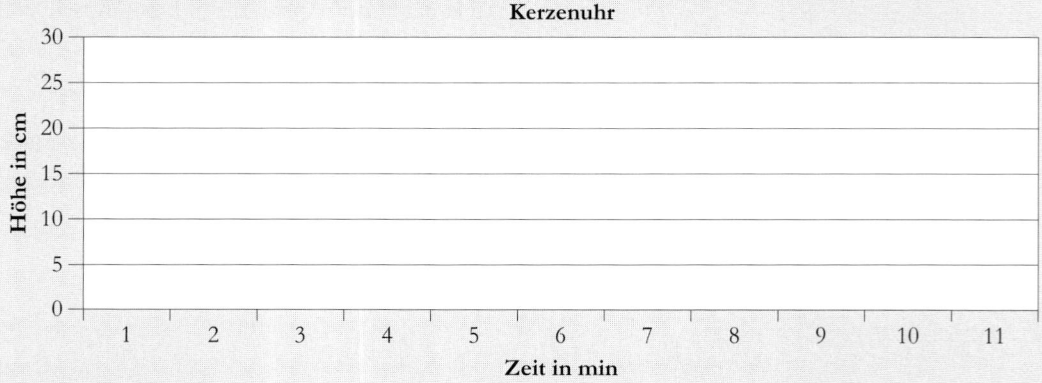

Piktogramme können in einfacher Form schon vom Schulanfang an in den Unterricht einbezogen werden, wie die Beispiele im Abschnitt „Erste Erfahrungen beim Erfassen und Darstellen von Daten sammeln" zeigen.

Beispiel 7: Piktogramm – Schülerstatistik

Wie viele Kinder gehen ins 2. Schuljahr?

Trage für jedes Kind eine entsprechende Figur ein. 

2a Jungen	2a Mädchen

2b Jungen	2b Mädchen

Während im Anfangsunterricht Piktogramme häufig durch Handlungen mit Gegenständen entstehen, regt das Beispiel „Schülerstatistik" zur Arbeit mit Symbolen an.
Ergänzend zur Arbeit mit realen Objekten oder Zeichnungen ist für das Herstellen von Piktogrammen auch der Computereinsatz möglich. Mithilfe des Computers können einmal erhobene Daten und einmal erstellte Diagramme gespeichert und jederzeit aufgerufen werden. Des Weiteren ist eine Variation der Daten leicht und schnell möglich (vgl. Ladel 2011).

Vergleichen verschiedener Darstellungen des gleichen Sachverhalts

Dieser Aufgabentyp ist der komplexeste, da die für die anderen Aufgabentypen notwendigen Kompetenzen integriert sind. Mit entsprechenden Aufgabenstellungen werden vor allem zwei Ziele verfolgt:

- Die Schüler sollen erkennen, dass sich der gleiche Sachverhalt mithilfe verschiedener Darstellungsformen veranschaulichen lässt.
- Die Schüler sollen eine vorgegebene Darstellung zu einem Sachverhalt in eine andere überführen.

In den Beispielen 1 und 2 sollen die Schüler erkennen, dass der gleiche Sachverhalt durch verschiedene Darstellungen veranschaulicht wird. In Beispiel 1 sind die Daten zum einen in einem Streifendiagramm, zum anderen in einem Kreisdiagramm veranschaulicht.

Für Beispiel 2 wird die gleiche Darstellungsform des Streifendiagramms genutzt. Allerdings wurden unterschiedliche Achseneinteilungen gewählt.

Während im oberen Diagramm die y-Achse bei 0 beginnt, liegt der Startpunkt beim unteren Diagramm bei 35. Außerdem wurde beim unteren Diagramm eine andere Einteilung auf der y-Achse gewählt. Dadurch wird dem Leser etwas suggeriert, was nicht unbedingt die wirklichen Verhältnisse widerspiegelt. Hier soll dem Leser größere Unterschiede in den Werten der einzelnen Klubs verdeutlicht bzw. suggeriert werden.

Beispiel 2: Gelbe Karten in der 1. Bundesliga (2010 / 2011)

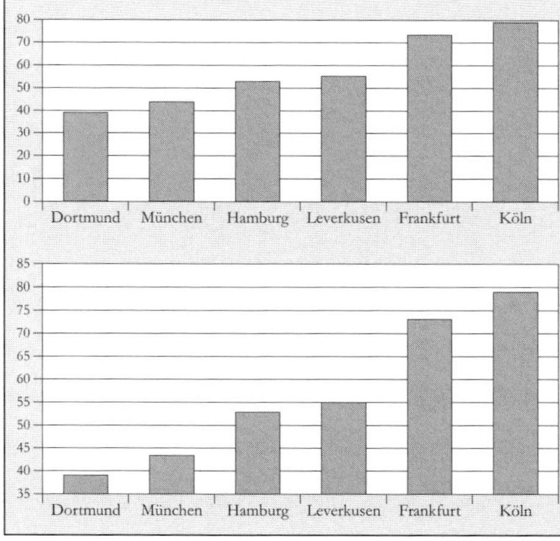

Beispiel 1: Mädchen und Jungen an unserer Schule

Dieses Schaubild zeigt, wie viele Mädchen und Jungen es an deiner Schule gibt.

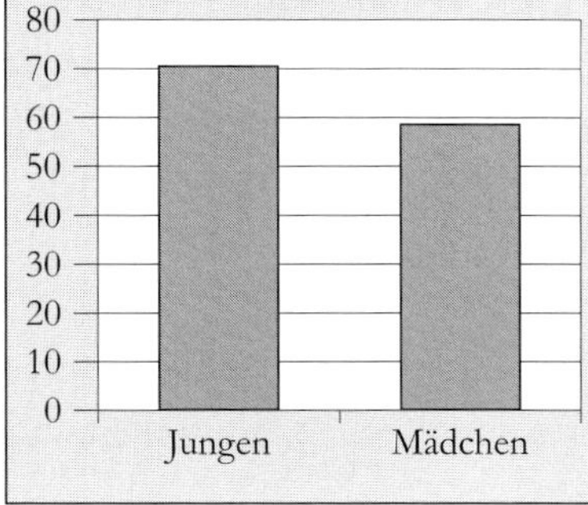

a) Versuche die Werte im Schaubild ungefähr abzulesen. Mädchen: _____ Jungen: _____

b) Das Kreisschaubild zeigt die gleiche Verteilung. Weißt du, wofür der helle und der dunkle Kreisteil stehen?

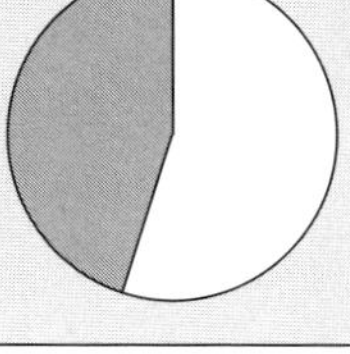

Beschrifte die beiden Kreisteile richtig mit **Jungen** und **Mädchen**.

Das Übertragen von einer Darstellungsform in eine andere ist eine komplexe Transferleistung. Die Schülerinnen und Schüler müssen die ursprüngliche Darstellung verstehen und die zum Anfertigen der neuen Darstellungsform notwendigen Arbeitsschritte beherrschen. Dabei ist es wiederum angebracht, den Schülern entsprechend ihres Entwicklungsstands ähnliche methodische Hilfen wie zum Anfertigen von Diagrammen anzubieten. Besonders für das Anfertigen von Diagrammen aus den Daten einer Strichliste oder Tabelle und das Anlegen einer Tabelle mit Werten, die einem Diagramm entnommen wurden, sollten die Schülerinnen und Schüler schon eine gewisse Sicherheit erreichen.

Bei Beispiel 3 wird das Anfertigen eines Diagramms zu den Werten einer Tabelle verlangt. Dieses Aufgabenformat steht in enger Verbindung mit dem vorigen Abschnitt „Anfertigen von grafischen Darstellungen“, da in der Regel erfasste Daten zunächst in einer Tabelle gesammelt werden, bevor diese in einer anderen Form dargestellt werden.

Schülerstatistiken lassen sich für die eigene Schule schnell beschaffen. Anstelle der Angaben zu Geschlechtern wie in unserem Beispiel können auch Angaben zum Geburtsjahr oder zum Wohnort erfasst und dargestellt werden. Vor dem Zeichnen des Diagramms können Fragen gestellt werden, die sich mithilfe der Tabelle beantworten lassen, z. B.: Wie viele Kinder sind insgesamt in Klasse 2a?
Das Anfertigen des Diagramms ist in diesem speziellen Fall insofern etwas schwieriger, da zu jeder Klasse zwei Streifen gezeichnet werden müssen.

Beispiel 3: Schülerstatistik

In der Tabelle sind die Schülerzahlen für die Klassen unserer Schule angegeben.
Zeichne mit den Schülerzahlen ein Streifendiagramm.

Klasse	Jungen	Mädchen
1 a	10	11
1 b	12	10
2 a	13	9
2 b	14	7
3 a	11	13
3 b	10	14
4 a	10	12
4 b	13	7

Vor dem Zeichnen des Diagramms können Fragen gestellt werden, die sich mithilfe der Tabelle beantworten lassen, z. B.: Wie viele Kinder sind insgesamt in Klasse 2a?

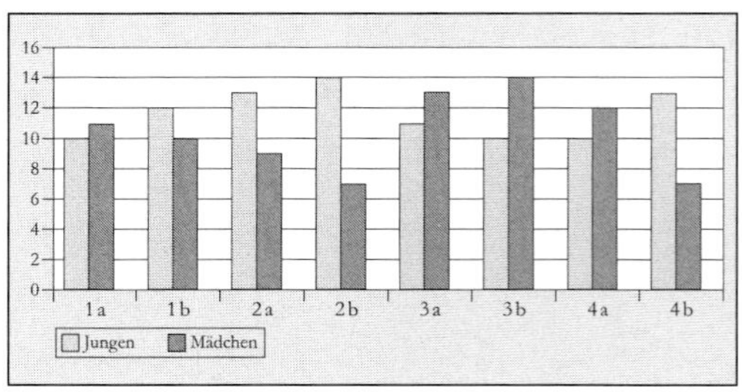

Später können auch Fragen gestellt werden, die komplexere Überlegungen erfordern und bei denen die Schüler entscheiden, auf welche Darstellungsform sie zurückgreifen.
Die Frage „In welcher Klasse sind die meisten Jungen?“ kann schnell mit einem Blick auf das Streifendiagramm beantwortet werden.
Die Beantwortung der Frage „Wie viele Kinder sind insgesamt in die 2. Klasse?“ geht vermutlich schneller, wenn die entsprechenden Werte der Tabelle entnommen und addiert werden.

Die Daten zum Sachverhalt bei Beispiel 4 wurden in Kapitel 1 (vgl. S. 18/19) für das Anfertigen eines Piktogramms genutzt. Genauso können die Werte zum Zeichnen eines Streifendiagramms verwendet werden.

Beispiel 4: Fußballstadien

In der Tabelle ist die Anzahl der Zuschauerplätze einiger großer Fußballstadien dargestellt.

Ort	Zuschauerplätze
Berlin	74 244
Bremen	42 100
Dortmund	80 720
Frankfurt	51 500
Gelsenkirchen	61 673
Hamburg	57 000
Hannover	49 000
Kaiserslautern	48 500
Köln	50 000
Mönchengladbach	54 057
München	69 000
Nürnberg	48 548

Zeichne zu der Tabelle ein Streifendiagramm.

Gegenüber Beispiel 3 „Schülerstatistik" ist es hier aufgrund der großen Zahlen schwieriger, eine geeignete Einteilung für die y-Achse zu finden, um die Werte darzustellen.

Für das Anlegen des Diagramms sind auch Kompetenzen im Runden erforderlich.

Bei Beispiel 5 sollen Temperaturwerte aus einem Liniendiagramm abgelesen und in eine Tabelle übertragen werden.

Beispiel 5: Tagestemperaturen

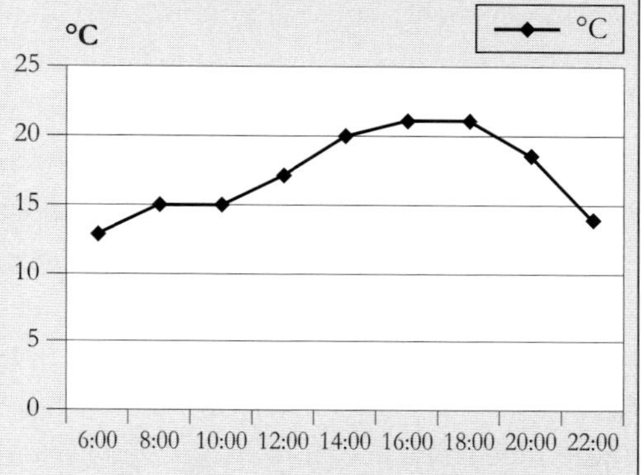

Übertrage die Messwerte in eine Tabelle.

Vor dem Übertragen der Messwerte in die Tabelle müssen die Kinder erkennen, was im Diagramm dargestellt ist. Es können Informationen wie die folgenden herausgearbeitet werden:

„Von 6.00 Uhr bis 22.00 Uhr wurde alle zwei Stunden die Temperatur gemessen."

„Um 6.00 Uhr wurden 12 °C gemessen."

„Um 16.00 Uhr war es am wärmsten."

Zur Erleichterung kann die Tabelle vorgegeben werden.

Uhrzeit	6:00	8:00	10:00	12:00	14:00	16:00	18:00	20:00	22:00
°C									

Eigene Datenerhebungen – Beobachtungen und Umfragen

Eigene Datenerhebungen der Schülerinnen und Schüler sind der Höhepunkt beim „Erfassen und Darstellen von Daten in der Grundschule", da sich hier die Kompetenzen der vorher angesprochenen „Eckpunkte" vereinen. Das Erkunden ihrer Umwelt mit Mitteln der Mathematik ist für Grundschulkinder recht motivierend. Besonders das Durchführen eigener Umfragen weckt viele nicht unbedingt vorhersehbare Aktivitäten bei den Kindern. Zu Beginn des Kapitels wurde auf Möglichkeiten zur Erkundung von Klasse und Schule bereits im Anfangsunterricht verwiesen. Diese Idee sollte in den weiteren Schuljahren immer wieder aufgegriffen werden, um einen zunehmend bewussteren Umgang der Schüler mit solchen Aufgabenstellungen zu erreichen. Für die Einordnung eigener Datenerhebungen durch die Schüler in den Unterricht gibt es aus didaktisch-methodischer Sicht zwei grundsätzliche Möglichkeiten:

1. Die Datenerhebungen werden zum Anwenden erworbener Kenntnisse über Statistik und grafische Darstellungen genutzt.
2. Die Datenerhebungen sind ohne vorherige Thematisierung im Unterricht Ausgangspunkt für Betrachtungen zur Leitidee „Daten und Häufigkeit".

Beim zweiten Weg lassen sich häufig interessante Vorkenntnisse der Kinder beobachten, man sollte aber auch mit fehlerhaften Vorstellungen und Kenntnissen rechnen.

Für die Strukturierung des Unterrichts können die im Abschnitt „Erfassen von Daten" des ersten Kapitels angestellten Überlegungen als Orientierung dienen. Auf einem dem Entwicklungsstand der Schüler entsprechenden Niveau sollten ihnen die entsprechenden Arbeitsschritte deutlich gemacht werden, damit das Ziel ihres Handelns klar wird. Innerhalb der Arbeitsschritte gibt es einen doch recht großen Spielraum hinsichtlich der Aktivitätsverteilung zwischen Schülern und Lehrer.

Zur besseren Verdeutlichung der Struktur ist an dieser Stelle der Gesamtprozess zum Erfassen und Darstellen von Daten in sechs Phasen gegliedert, zwischen denen ein fließender Übergang besteht.

> Die Phasen werden zunächst allgemein beschrieben und dann an Beispielen konkretisiert, die in der Unterrichtspraxis erprobt wurden.

1. Wahl des Themas

Am Anfang steht die Wahl eines geeigneten Themas, zu dem Daten gesammelt und präsentiert werden sollen. Das Thema sollte das Interesse der Schüler ansprechen. Besonders geeignet sind Themen aus dem unmittelbaren Umfeld der Schüler und zu aktuellen Anlässen. Nicht unwesentlich ist, wer das Thema auswählt. Hier reicht das Spannungsfeld von der Vorgabe einer konkreten Aufgabenstellung durch den Lehrer bis zur freien Wahl durch die Schüler.

2. Planung der Datenerhebung

In der Planungsphase wird das gewählte Thema durch entsprechende Leitfragen konkretisiert:

- Was will ich wissen?
- Welche Merkmale sollen erfasst werden?

Natürlich muss hier auch über die für die weiteren Phasen notwendigen Fragen nachgedacht werden. Um Wiederholungen zu vermeiden, sind diese Fragen den Phasen zugeordnet, in denen sie bearbeitet werden.

3. Fragebögen / Erfassungsbögen erstellen

Für die Durchführung dieser Phase sind Überlegungen in zwei Richtungen anzustellen:
- In welcher Form sollen die Daten erfasst werden?
- Welche Fragen sollen gestellt werden?

Bei der Konzipierung von Frage- bzw. Erfassungsbögen sollten die Hinweise zu offenen und geschlossenen Fragen aus Kapitel 1 (S. 12/13) berücksichtigt werden. Es ist zu beachten, dass es gewisser Erfahrungen bedarf, um sinnvolle Merkmale und Merkmalsausprägungen für einen Fragebogen mit geschlossenen Fragen zu entwickeln. Entsprechende Übungen können hier als Unterstützung dienen (vgl. Rink 2009).

4. Daten erheben

Bei der Durchführung der Datenerhebung geht es vor allem um zwei Fragen:
- Wie werden Daten erfasst?
- Wie lange werden Daten erfasst?

5. Auswertung und Präsentation

Nach der Durchführung einer Datenerhebung werden die Daten ausgewertet. Wichtige Fragen in dieser Phase:
- Wie kann man die Daten auswerten?
- Wie werden die Daten dargestellt?
- Welche Schlussfolgerungen können möglicherweise aus den Daten gezogen werden?

Die Auswertung der Fragen hängt natürlich von der Art der Fragestellung ab. Bei offenen Fragen kann es passieren, dass die Antworten zu unterschiedlich ausfallen und eine Zusammenfassung bestimmter Antworten zu einer übergeordneten Kategorie erfolgen muss. Da die Schüler in der Regel auf ihre Arbeit stolz sind, sollten sie unbedingt Gelegenheit bekommen, ihre Ergebnisse zu präsentieren. Für die Präsentation gilt es, eine möglichst aussagekräftige Darstellungsform für die gesammelten Daten zu finden.

6. Reflexionsphase

Für die Kompetenzentwicklung der Schüler zum „Erfassen und Darstellen von Daten" ist eine abschließende Reflexionsphase wichtig. Die Bedeutung dieser Phase besteht darin, die allgemeinen Erkenntnisse weiterzuentwickeln, um bei folgenden statistischen Erhebungen noch selbstständiger arbeiten zu können und aus Fehlern zu lernen. Als Ergebnis kann eine schülergerechte Handlungsanleitung formuliert werden, die für spätere Umfragen genutzt wird:

Überlegt euch eine Fragestellung.
(Was wollen wir wissen?)

Überlegt euch mögliche Antworten.
(Was könnte als Antwort gesagt werden?)

Plant die Befragung.
(Wen wollen wir befragen? Wie befragen wir?)

Führt die Befragung durch.
Schreibt die Antworten der Kinder auf.
(z. B. Tabelle, Strichliste)

Zeichnet das Diagramm.

Die allgemeinen Überlegungen werden nun an Beispielen zu unterschiedlichen Themen konkretisiert. Alle folgenden Beispiele wurden in der Praxis erprobt.

Beispiel 1: Umfrage – Schulwege der Kinder einer Klasse (Klasse 3 / 4)

Wie kommen die Kinder eurer Klasse zur Schule? Sammelt die Daten und erstellt ein Säulendiagramm dazu.

(Quelle: Balzer, Natalie / Müller, Katrin)

1. Wahl des Themas

Durch die Aufgabenstellung waren Thema und Art der grafischen Darstellung vorgegeben. Die Entscheidung für die konkret zu erfassenden Daten und die Art und Weise der Erfassung war den Schülerinnen und Schülern freigestellt.

2. Planung der Umfrage

Die Schüler mussten überlegen, welche Frage sie den Mitschülern stellen und wie das am effektivsten geschehen kann.
Mögliche Frage: Wie kommst du zur Schule?
Die Mitschüler wurden mündlich befragt.

3./4. Erstellen von Erfassungsbögen und Durchführen der Umfrage

Bei der Durchführung der Umfrage wurden durch die Interviewer verschiedene Verkehrsmittel vorgegeben und jedes Kind meldete sich bei dem entsprechenden Verkehrsmittel. Die Daten wurden in einer Tabelle bzw. entsprechenden Strichlisten erfasst:

Auto	Bus	zu Fuß	Taxi	Rad

Bei der konkreten Durchführung traten zwei Probleme auf. Zum einen meldete sich kein Kind, das mit dem Taxi zur Schule kam, zum anderen reichten die vorgegebenen Kategorien nicht, da ein Kind mit dem Roller zur Schule kam. Diese Probleme wurden von den Schülern selbstständig gelöst, indem bei der Kategorie „Taxi“ eine „0“ eingetragen wurde. Außerdem wurde in der Erfassungstabelle die Kategorie „Rad“ durch „Roller“ ersetzt.

5. Auswertung der Umfrage und Präsentation der Ergebnisse

Die Auswertung gestaltete sich relativ unproblematisch, da lediglich die jeweilige Anzahl in einer Tabelle erfasst wurde. Aus den Werten wurde nun ein Säulen- bzw. Streifendiagramm angefertigt. Die Überlegungen konzentrierten sich auf die Größenverhältnisse der Streifen im Diagramm. Die Kategorie „Taxi“ wurde in der grafischen Darstellung weggelassen.

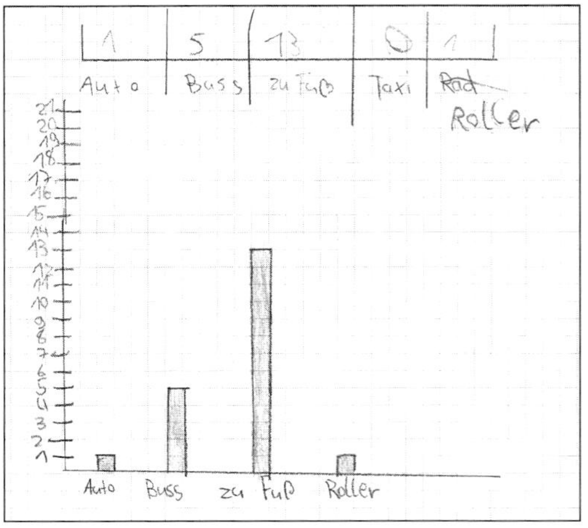

In der Präsentationsphase wurde das Diagramm in der Klasse vorgestellt.

6. Reflexion über Schritte beim Durchführen einer Umfrage

Im abschließenden Gespräch reflektierten die Kinder vor allem über das Problem bei der Datenerfassung, dass sich einige Kinder mehrfach meldeten, da sie nicht täglich mit dem gleichen Verkehrsmittel zur Schule kamen. Deshalb wurde die Fragestellung korrigiert: „Mit welchem Verkehrsmittel kommst du am häufigsten zur Schule?“. Die Viertklässler dachten auch über andere ihnen schon bekannte Darstellungsformen wie das Kreisdiagramm nach.

Beispiel 2: Umfrage „Meine Klasse in Zahlen“ (Klasse 2)

Quelle: Naumann, Michaela

1. Wahl des Themas

Die Umfrage bildete den Abschluss einer Unterrichtseinheit, in der die Kinder erste Erfahrungen im Umgang mit Diagrammen und Tabellen sammelten, und wurde von der Lehrerin vorgeschlagen. Es ist aber immer wieder zu beobachten, dass Grundschulkinder großes Interesse an der Untersuchung ihres unmittelbaren Umfeldes auch mithilfe von Zahlen haben. So kann das Thema auch ohne vorherige Behandlung des mathematischen Hintergrunds bearbeitet werden (vgl. dazu Glaser / Neubert 2003).

2. Planung der Umfrage

Die Planungsphase orientierte sich an der Frage „Was wollen wir über die Klasse 2 erfahren?“ Die Kinder unterbreiteten Vorschläge für verschiedene Themenkreise, die ihren persönlichen Interessen entsprachen: Bücher, Musikgruppen, Lieblingsessen, Getränke, Lehrer, Straßen, Farben, Lieblingsfächer, Sternzeichen, Tiere, Haarfarbe, Fußballmannschaften, Spiele und vieles mehr. Die Vorschläge der Kinder wurden an der Tafel gesammelt.

3. / 4. Erstellen von Fragebögen und Durchführen der Umfrage

Bei den Überlegungen zum Vorgehen einigten sich die Kinder auf eine Befragung mithilfe von Fragebögen, die in Gruppen durchgeführt werden sollte. Die Gruppen wurden nach dem Interesse an einem bestimmten Thema gebildet. Für die Auswertung wurde das Erstellen von Tabellen und das Übertragen der Daten von Tabellen in Diagramme geplant.

Die jeweiligen Gruppenmitglieder formulierten konkrete Fragen zu ihrem Thema, die von den Mitschülern beantwortet wurden. In der Regel waren es offene Fragen nach Lieblingstier, Lieblingsbuch, Lieblingsfarbe, Lieblingsessen, Lieblingsfach, Lieblingsfußballspieler bzw. -mannschaft, Anzahl der Geschwister. Es wurden keine Merkmalsausprägungen vorgegeben. Da die Befragung innerhalb der eigenen Klasse stattfand, blieb die Anzahl der Antworten aber überschaubar. Als Hilfestellung bekamen die Arbeitsgruppen einen von der Lehrerin vorbereiteten Erfassungsbogen.

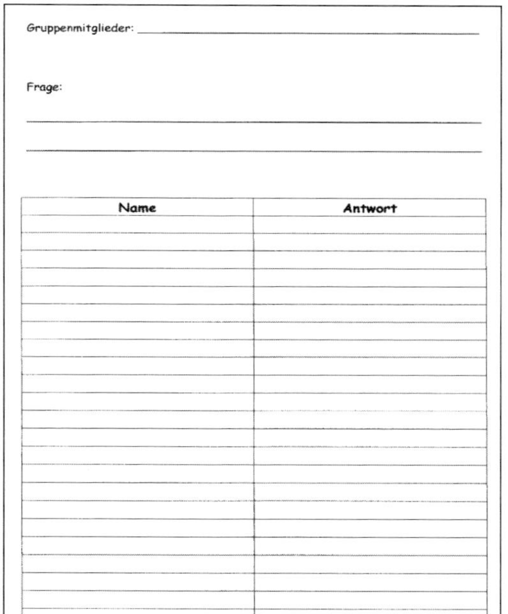
Gruppenmitglieder: ____________________

Frage: ____________________

Name	Antwort

5. Auswertung der Umfrage und Präsentation der Ergebnisse

Die Auswertung der Umfrage begann mit dem Übertragen der Ergebnisse der Erfassungsbögen in eine tabellarisch angelegte Strichliste. Die Kinder mussten sich auch mit zwei bei der Planung nicht beachteten Problemen auseinandersetzen: Zum einen waren die Antworten zu einzelnen offenen

Fragen teilweise sehr differenziert, sodass sinnvolle Oberbegriffe gebildet werden mussten. Speziell bei den „Lieblingsessen" gab es 14 verschiedene Antworten. Die zuständige Arbeitsgruppe fasste deshalb alle genannten Nudelgerichte zum Begriff „Nudeln" zusammen. Zum anderen wurden einige Fragen von einzelnen Kindern nicht beantwortet, weil sie beispielsweise keinen Lieblingsfußballverein oder kein Lieblingsbuch hatten. Dafür wurde in der Tabelle eine Spalte „habe ich nicht" angelegt.

Die gesammelten Daten wurden aus den Strichlisten in Streifendiagramme übertragen. Entsprechend des Entwicklungsstands der Schüler standen differenziert gestaltete Vorlagen mit entsprechenden Arbeitsaufträgen zur Verfügung.

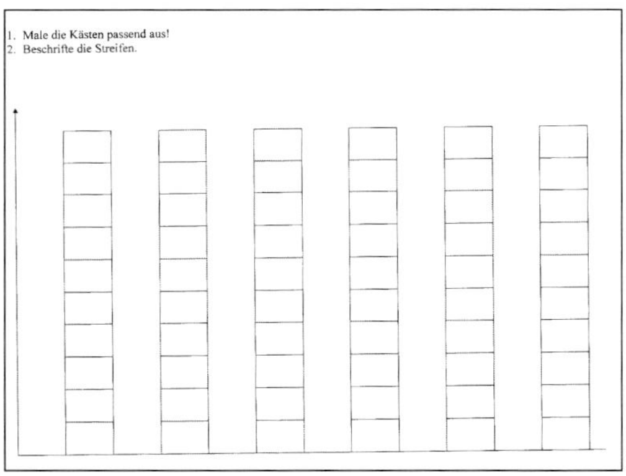

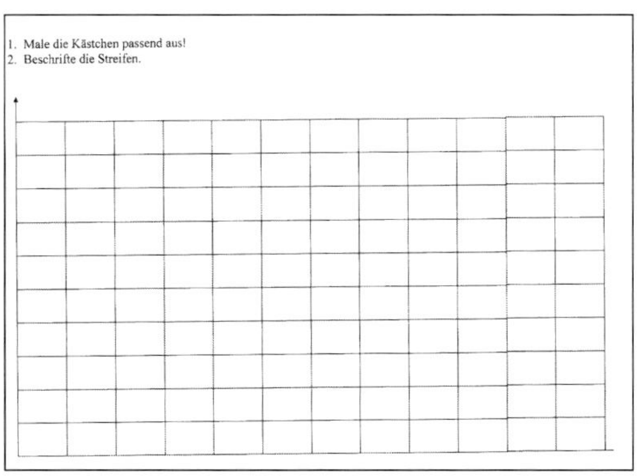

Alle Gruppen bekamen die Möglichkeit, ihre Ergebnisse zu präsentieren. Die angefertigten Strichlisten und Diagramme wurden den Mitschülern auf Plakaten vorgestellt.

Welches ist die Lieblingsfarbe der Klasse 2?

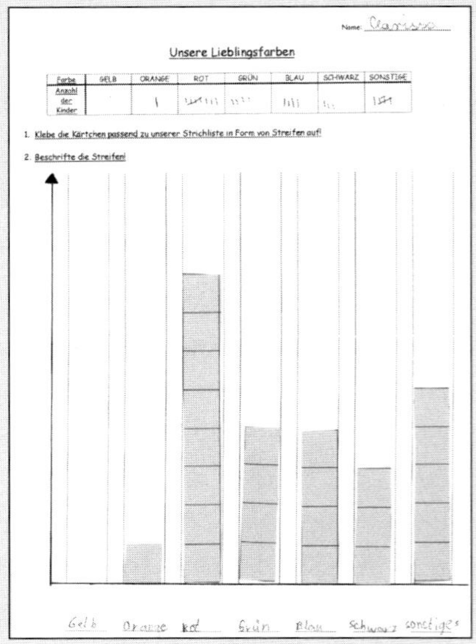

6. Reflexion über Schritte beim Durchführen einer Umfrage

Zum Abschluss wurde über die Schritte beim Durchführen einer Umfrage gesprochen.

Beispiel 3: Verkehrszählung (Klasse 3)

Quelle: Dennhöfer, Daniela / Neubert, Bernd

1. Wahl des Themas

Das Thema ergab sich, weil die Schule an einer verkehrsreichen Straße liegt und schon länger über das Anlegen eines Fußgängerübergangs diskutiert wurde. Das Erfassen von Daten wurde im bisherigen Unterricht noch nicht behandelt.

2. Planung der Umfrage

Von den Kindern wurden folgende Fragen

zur Durchführung aufgeworfen:

- Welche Merkmale kann man bei einer Verkehrszählung erfassen?
- Wie werden Daten erfasst?
- Wie lange werden Daten erfasst?
- Wie werden die Daten dargestellt?
- Wie kann man die Daten auswerten?

3. Erstellen von Fragebögen

Für die zu erfassenden Merkmale wurden folgende Vorschläge unterbreitet:

- Farbe der Fahrzeuge
- Automarke
- Auto-Kennzeichen
- Fahrtrichtung (von rechts oder links)
- Fahrzeugtypen
- Größe der Fahrzeuge

Lange wurde über die Ausprägungen zu den einzelnen Merkmalen diskutiert. So orientierte sich die Gruppe „Farbe" an den Farben, die die Autos in ihrer Straße hatten. Das Merkmal „Größe der Fahrzeuge" wurde schließlich verworfen, da die Kinder dazu keine sinnvollen Merkmalsausprägungen fanden.

Schließlich einigten sich die Schüler, die gewählten Merkmale in Erfassungsbögen mit vorgegebenen Merkmalsausprägungen bei einer Zähldauer von 15 Minuten zu erfassen.

4. Durchführen der Verkehrszählung

Die Verkehrszählung wurde in Arbeitsteilung durchgeführt. Nach Interessenlage widmeten sich einzelne Gruppen einem vereinbarten Merkmal. Teilweise ergaben sich Probleme mit den für die Erfassungsbögen gewählten Merkmalsausprägungen. So stellte die Gruppe „Farben" fest, dass die Farbpalette bei Autos viel differenzierter war als vorher angenommen, und erweiterte ihren Erfassungsbogen um zusätzliche Farben. Außerdem wurde die Rubrik „Sonstige" für nicht eindeutig zuzuordnende Farben gewählt.

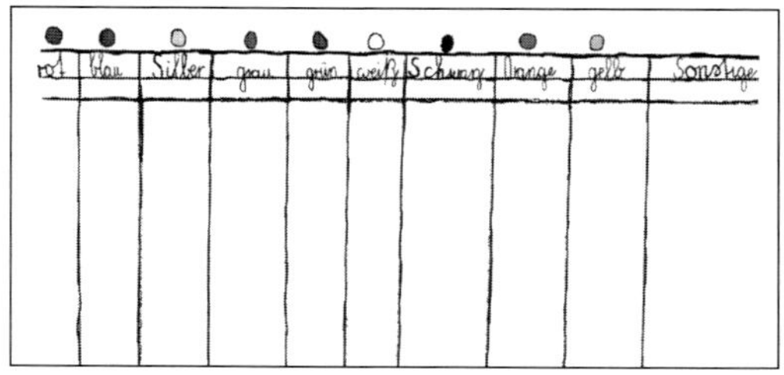

5. Auswertung der Umfrage und Präsentation der Ergebnisse

Die Kinder gestalteten aus den Untersuchungsergebnissen Plakate mit unterschiedlichen grafischen Darstellungen (Strichliste, Streifendiagramm, Stabdiagramm).

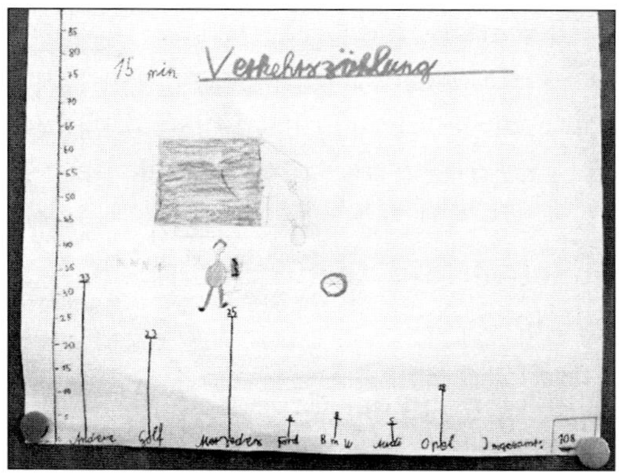

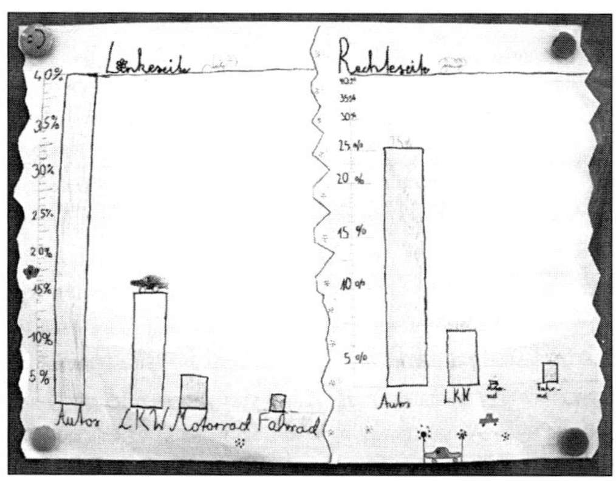

Neben erstaunlichen Vorkenntnissen gehen in die Darstellungen auch Fehlvorstellungen ein. So ist die y-Achse der unteren Darstellung

(zur Frage nach der Fahrtrichtung) mit Prozentwerten beschriftet, die nicht der Realität entsprechen. Vermutlich wurde den bei der Zählung ermittelten absoluten Häufigkeiten einfach das Prozentzeichen angehängt. Die Ursache könnte darin bestehen, dass manche Schüler schon gesehen haben, dass Daten mitunter in Prozenten angegeben werden.
Alle Gruppen hatten die Möglichkeit, ihre Ergebnisse den Mitschülern zu präsentieren. Dabei wurde über sinnvolle und weniger sinnvolle sowie fehlerhafte Darstellungen diskutiert.

6. Reflexion über Schritte beim Durchführen einer Umfrage

Ausgehend von der Problemlage bei der Wahl des Themas wurde darüber reflektiert, an wen die Werte weitergeleitet werden können, um damit die Forderung nach dem Bau eines Fußgängerübergangs zu untermauern.

Mittelwerte – Hochrechnungen – Stichproben

Mittelwerte in der Grundschule

Auch wenn in Lehrplänen und Bildungsstandards die Behandlung von Mittelwerten für die Grundschule nicht zwingend vorgesehen ist, sind doch erste Betrachtungen besonders zum Modalwert und arithmetischen Mittel möglich und auch sinnvoll.

Modalwert

Der Umgang mit dem Modalwert bedarf eigentlich keiner eigenständigen Erklärung. Bereits ab dem 1. Schuljahr erfolgt bei vielen statistischen Erhebungen die Bestimmung des Modalwertes (Was kommt am häufigsten vor?). Auf das Begriffswort „Modalwert“ kann in der Grundschule verzichtet werden.

Beispiel: Augenfarbe der Schüler einer Klasse

5 Schüler haben blaue Augen
11 Schüler haben braune Augen
7 Schüler haben grüne Augen
Welche Augenfarbe kommt am häufigsten vor?

Arithmetisches Mittel

Das arithmetische Mittel kennen Schüler mitunter vom (mathematisch nicht korrekten) „Berechnen des Zensurendurchschnitts“. Diese Vorkenntnisse beziehen sich aber eher auf das formale Berechnen, weniger auf inhaltliches Verständnis. Beim ersten Bekanntmachen mit dem arithmetischen Mittel sollte aber nicht das Berechnen, sondern der Aufbau von inhaltlichem Verständnis das Ziel sein. An geeigneten Beispielen sollen die Schüler erkennen, dass das arithmetische Mittel ein theoretischer Wert ist, der real nicht direkt in Erscheinung tritt, sondern nur indirekt als der Wert, um den die real beobachteten Werte schwanken und der auch zu Vergleichszwecken herangezogen werden kann. An einfachen Sachkontexten, die auch eine Darstellung auf enaktiver bzw. ikonischer Ebene zulassen, können die Schüler an den Begriff herangeführt werden.
Das folgende Beispiel (in Anlehnung an Schipper / Dröge / Ebeling 2000, S. 221) macht die Nutzung des arithmetischen Mittels als Ausgleichswert deutlich.

Beispiel 1: Punkte im Sportwettkampf

Bei einem Wettbewerb von zwei Gruppen werden folgende Punktzahlen erreicht:

Gruppe 1		**Gruppe 2**	
Julia:	28 Punkte	Jens:	20 Punkte
Sven:	24 Punkte	Sabrina:	28 Punkte
Annika:	17 Punkte		

Welche der beiden Gruppen ist die bessere?

Die recht offen gestellte Frage lässt verschiedene Antwortmöglichkeiten zu. Kinder bringen schnell das mathematische Modell ins Spiel, die Punktzahlen der Mitglieder der einzelnen Gruppen zu addieren. Die Erkenntnis, dass in den beiden Gruppen unterschiedlich viele Kinder sind, führt zur Idee des Ausgleichens der Punktzahlen der Kinder innerhalb einer Gruppe. Dies ist nichts anderes als das Bilden des arithmetischen Mittels.

Zur Veranschaulichung baut man Säulen für die entsprechenden Punktzahlen, zwischen denen ein Ausgleich hergestellt werden soll. Gut geeignet sind kleine Kugeln oder Würfel, die man verschieben kann. Hat man eine Säule der ermittelten Daten so gebaut, dass für jeden Punkt eine Kugel verwendet wurde, so können alle Kugeln einer Gruppe entweder gezählt und gleichmäßig auf die Säulen verteilt werden, oder man versucht die Anzahl der Kugeln auszugleichen, indem man so lange eine Kugel von einer längeren Säule auf eine kürzere Säule verschiebt, bis die Säulen gleich lang sind.

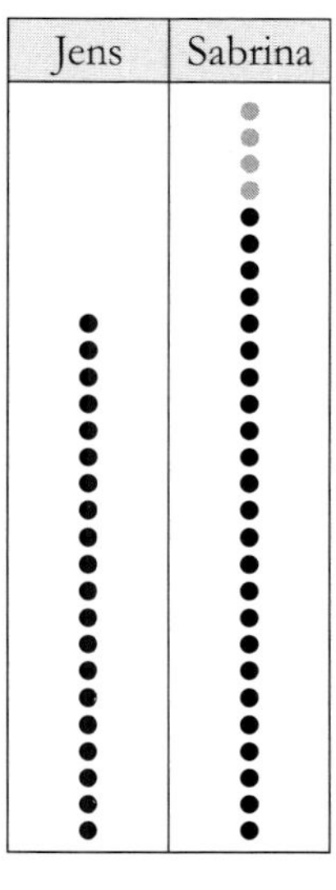

Bei Gruppe 2 ist leicht zu erkennen, dass die Säulen für Jens und Sabrina dann gleich lang sind, wenn vier Kugeln von Sabrina zu Jens umsortiert werden, sodass jedem Kind 24 Kugeln zugeordnet werden.

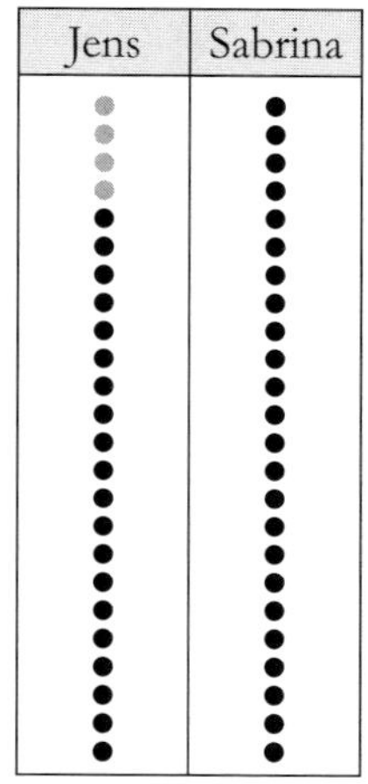

Bei Gruppe 1 ist dies nicht so leicht zu überschauen.

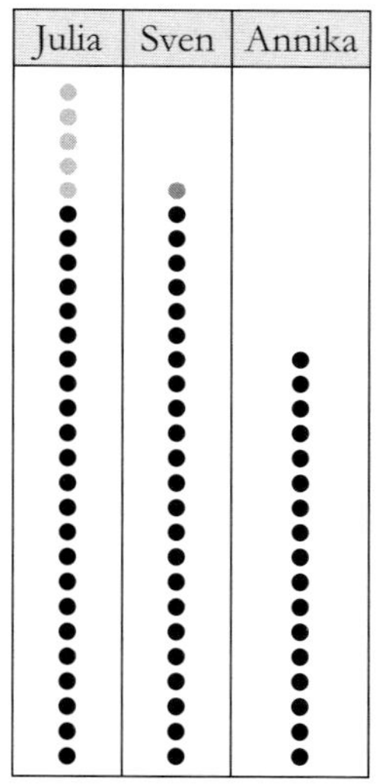

Durch entsprechendes Probieren kommen die Kinder sicher auch auf die drei Säulen mit jeweils 23 Kugeln.

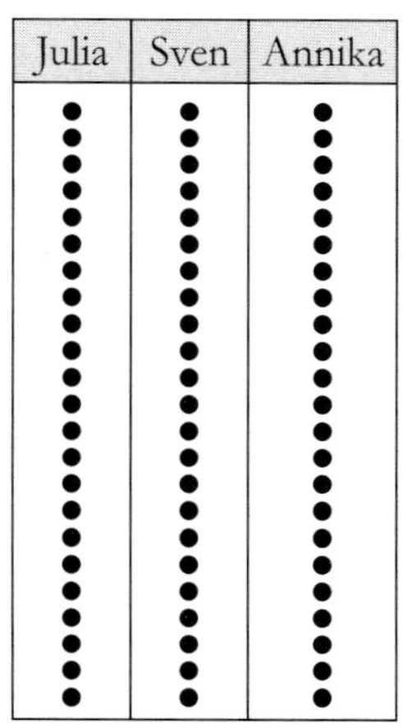

Überträgt man die Säulen in ein Streifendiagramm und zeichnet die Mittellinie mit ein, wird der Mittelwert auch optisch verdeutlicht und kann als Vergleichswert zwischen den beiden Gruppen genutzt werden.

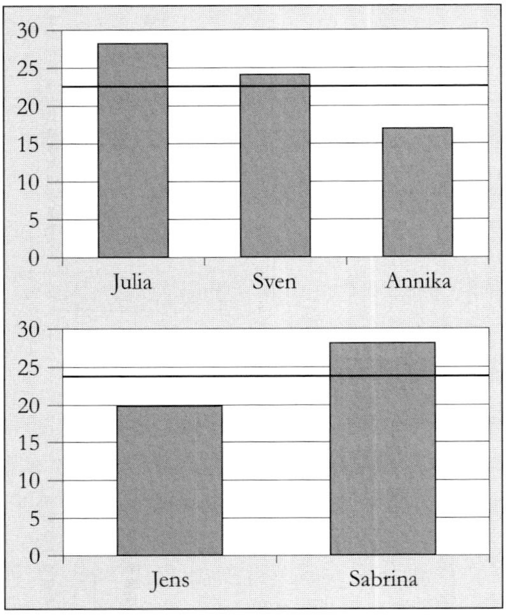

Beispiel 2: Stifte im Mäppchen

Max, Simon, Anna und Julia zählen die Stifte in ihren Mäppchen. Max hat 15, Simon 13, Anna 24 und Julia 20 Stifte. Max stellt die Frage: Wie viele Stifte hätte jeder, wenn sie die Stifte so verteilen würden, dass alle gleich viele hätten?

Die Aufgabe kann analog zu Beispiel 1 gelöst werden, indem die Kinder so lange Stifte umverteilen, bis alle gleich viele besitzen. Eine andere Lösungsmöglichkeit besteht darin, dass die Kinder alle vorhandenen Stifte zusammenlegen und anschließend unter sich gleichmäßig verteilen. Um den Blick auf die inhaltliche Seite richten zu können, ist für Einstiegsbeispiele zu empfehlen, die Wahl der Anzahlen der Stifte der einzelnen Kinder so zu wählen, dass das arithmetische Mittel ganzzahlig wird. Durch eine Veränderung der Zahlen kann später am gleichen Beispiel die Erkenntnis abgeleitet werden, dass das arithmetische Mittel nicht immer ganzzahlig sein muss. Außerdem kann über die Interpretation des Wertes gesprochen werden.

Beispiel 3: Werfen von Wendeplättchen

Wirf zehn Wendeplättchen zehnmal.
Notiere bei jedem Wurf die Anzahl der roten Plättchen.
Stelle die Anzahlen in einem Streifendiagramm dar.
Bestimme den Mittelwert der Anzahl der roten Plättchen durch Ausgleichen der Plättchen.

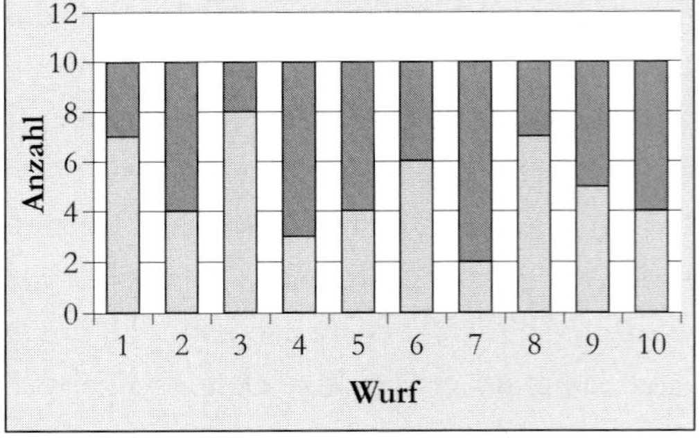

Der Mittelwert wird wieder auf geometrischem Wege durch Ausgleichen ermittelt. Das Beispiel kann aber auch genutzt werden, um zur Berechnung des Mittelwerts überzugehen, indem die Anzahlen der roten Plättchen bei den einzelnen Würfen addiert und die Summe durch die Anzahl der Würfe dividiert wird.
Das Thema Mittelwert bietet auch die Möglichkeit der Verknüpfung von Inhalten aus Statistik und Wahrscheinlichkeit (vgl. Wittmann / Müller 2005, S.221).

Beispiel 4: Werfen von zwei Würfeln

Wirf zehnmal zwei Würfel gleichzeitig.
Notiere für jeden Wurf die Augensumme.
Stelle die Augensummen in einem Streifendiagramm dar.
Bestimme den Mittelwert der Augensummen.

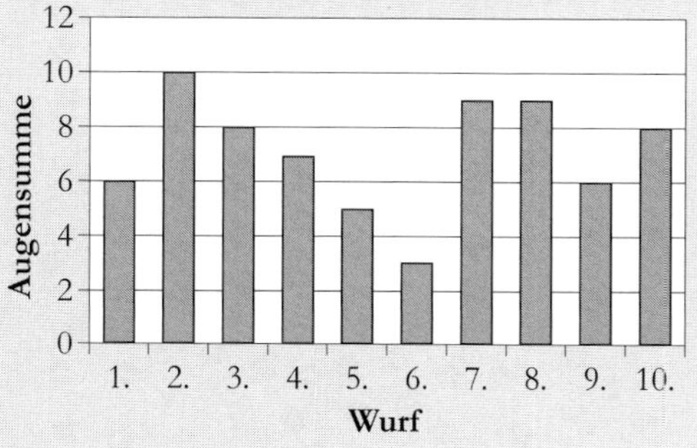

Durch Umordnungen innerhalb der Streifen des Diagramms kann das arithmetische Mittel durch Ausgleichen bestimmt werden. Mit dem Mittelwert erhält man einen Wert, um den die zufälligen Größen schwanken. Dieser Wert selbst braucht nicht zu den beim Würfeln beobachteten Werten zu gehören. Ein Verständlichmachen des Mittelwertes ist auch mit Stabdiagrammen oder Cuisenaire-Stäben möglich. Das Zusammenreihen der einzelnen Stränge zu einem großen Zug entspricht der Addition. Aus dem einen großen Zug wird nun versucht, so viele gleich lange Stränge wie möglich zu erhalten, was der Division entspricht (vgl. Hollingsworth 1995) Erst nach der Entwicklung von inhaltlichem Verständnis ist der Übergang zum ausschließlich formalen Berechnen von Mittelwerten angebracht. Wählt man dazu Themen aus dem Umfeld der Schüler, werden die Voraussetzungen für ein besseres Verständnis optimiert. Allerdings kann es beim Arbeiten mit realen Werten schnell passieren, dass bei der Division der Bereich der natürlichen Zahlen verlassen wird.

Mögliche Themenkreise zur Berechnung des arithmetischen Mittels: Zeit für den Schulweg, Zeit für Hausaufgaben, Zeit für Fernsehen oder Schlafen, Schulmilchverbrauch pro Tag/ Woche, Alter und Größe

Stichproben und Hochrechnungen in der Grundschule

In der Grundschule kann auch schon damit begonnen werden, die Kinder für die Arbeit mit Stichproben und Hochrechnungen zu sensibilisieren. Sie werden dadurch an Methoden zum Bestimmen von großen Anzahlen ohne vollständiges Auszählen herangeführt, können Verständnis für den Umgang mit Näherungswerten (bei großen Zahlen) entwickeln und lernen, über sinnvolle Genauigkeit nachzudenken. Außerdem leisten diese Aufgaben einen Beitrag zur Entwicklung von Zahl- und Größenvorstellungen. Nicht unerwähnt bleiben sollen mögliche Verbindungen zu anderen Inhaltsbereichen und zur Entwicklung von allgemeinen Kompetenzen. Entsprechende Aufgaben können auf unterschiedlichem Niveau gestellt werden.

Beispiel 1: Blumen zählen

Frau Schmidt hat einen großen Garten.
Sie hat dort ganz viele Blumen gepflanzt, schön ordentlich in Reihen.
Wie viele sind es?
Wie bist du zu diesem Ergebnis gekommen?

Beispiel 2: Blumen zählen

In Frau Müllers Garten gibt es kein Blumenbeet, dafür aber eine große Wiese, auf der ganz viele Gänseblümchen wachsen.
Wie viele sind es?
Wie bist du zu diesem Ergebnis gekommen?

Die Lösungsidee für die erste Aufgabe besteht darin, dass die Blumen in einer Reihe bzw. Spalte gezählt und mit der Anzahl der Reihen bzw. Spalten multipliziert werden.

Bei der zweiten Aufgabe geht es darum, entsprechende Strukturen aufzubauen (Bündelung), die eine Hochrechnung ermöglichen: Anzahl der Bündel mal Anzahl der Blumen in einem Bündel.

Beispiel 3: Anzahl der Erbsen in einer Packung

Die Anzahl der Erbsen in einer 500-g-Packung soll ermittelt werden.

Das Lösen der dritten Aufgabe (Beispiel 3) lässt verschiedene Strategien zu.
Eine Möglichkeit besteht im Auswiegen einer kleinen Stichprobe und entsprechender Hochrechnung. Auch entsprechende Überlegungen zu Längen oder Hohlmaßen sind denkbar. Dazu eignet sich besser eine Packung Schokolinsen. Hier können die Kinder neben der Strategie des Auswiegens auch eine Strategie der Längenmessung anwenden: Wie viele Schokolinsen passen in einen bestimmten Abschnitt der Verpackung? Wie lang ist die gesamte Verpackung?

Beispiel 4: Verkehrszählung

Wie viele Autos fahren an einem Tag an unserer Schule vorbei?

Bei einer Verkehrszählung interessiert meist, wie viele Fahrzeuge über einen längeren Zeitraum am Messpunkt vorbeifahren. In der Grundschule ist aber eine Datenerfassung nur über einen kürzeren Zeitraum möglich (vgl. Beispiel 3, S. 62 ff. im Abschnitt „Eigene Datenerhebungen – Beobachtungen und Umfragen"). Für das Beispiel „Verkehrszählung" wird man in der Grundschule nicht umhinkommen, sich Werte für die Zeit außerhalb des Unterrichts zu beschaffen oder auch auf fiktive Werte zurückzugreifen. Eine Verkehrszählung ergibt die Möglichkeit, eine Hochrechnung durchzuführen. Die bei der Zählung ermittelten Werte müssen für den längeren Zeitraum hochgerechnet werden. Ein Nachdenken über eine unterschiedliche Verkehrsdichte zu verschiedenen Tageszeiten kann zu folgenden Fragen führen:

- „Fahren denn immer so viele Autos wie in den 15 Minuten?"
- „Was wäre gewesen, wenn wir abends oder ganz früh morgens gezählt hätten?"

Daraus kann die Idee entstehen, mehrfach am Tag die gleiche Zeitdauer zu zählen, aus diesen Werten zunächst das arithmetische Mittel zu errechnen und dann hochzurechnen. Grundschüler sind in der Regel noch nicht in der Lage, selbstständig eine Hochrechnung anhand ihrer Daten durchzuführen. Als Alternative können strukturierte Arbeitsaufträge erteilt werden.

Hochrechnung für den gesamten Tag:

Peter will herausbekommen, wie viele Autos am Tag bei ihm zu Hause vorbeifahren.
Da nachts kaum Autos fahren, interessiert ihn nur die Zeit von 8 Uhr morgens bis 8 Uhr abends. Er stellt sich um 9 Uhr an den Straßenrand und zählt in 10 Minuten genau 10 Autos.
Kannst du ausrechnen, wie viele Autos in diesen _______ Stunden vorbeifahren?
(*Tipp:* Überlege zuerst, wie viele Autos in einer Stunde vorbeikommen.)

Durch entsprechende Fragen können die Schüler auch zum Nachdenken über das Vorgehen bei einer Hochrechnung und die Genauigkeit des Ergebnisses angeregt werden:

Kreuze an, was du zu dem Ergebnis denkst:

Das Ergebnis gibt genau wieder, wie viele Autos an einem Tag vorbeifahren.	☐
Das Ergebnis sagt nur, wie viele Autos ungefähr vorbeikommen.	☐
Das Ergebnis ist nicht so gut, weil am Tag nicht immer gleich viele Autos kommen.	☐
Das Ergebnis muss richtig sein, weil man es ja ausgerechnet hat.	☐
Das Ergebnis ist sehr gut, weil immer gleich viele Autos vorbeikommen.	☐

Beispiel 5: Wie viele Gänseblümchen stehen auf unserer Sommerwiese?

Quelle: Mirwald, Elke / Nitsch, Bianca

Beispiel 5 verdeutlicht die Bedeutung von Stichprobe und Hochrechnung innerhalb einer Unterrichtssequenz. Bei diesem Projekt sammeln Kinder Informationen, werten sie aus und stellen sie grafisch dar.

Ausgangspunkt ist die in der Überschrift formulierte Frage „Wie viele Gänseblümchen stehen auf unserer Sommerwiese?" Während manche Kinder beginnen, jede Blume einzeln zu zählen, erkennen andere schnell den hohen Aufwand zum Zählen aller Blumen. Die Idee von Stichprobe und Hochrechnung in diesem Projekt besteht darin, die Blumen eines Flächenstücks zu zählen und auf die Gesamtfläche hochzurechnen. Beim Wählen eines für die gesamte Wiese repräsentativen Flächenstücks muss berücksichtigt werden, dass eine Wiese normalerweise nicht gleichmäßig bewachsen ist. Außerdem besitzen Grundschüler nur begrenztes Wissen zum Flächeninhalt.

Durch methodische Hilfen kann die Arbeit unterstützt und angeregt werden. Die Fläche der Wiese wird in gleich große Flächenstücke von 1 m^2 eingeteilt. Als Hilfsmittel werden Meterquadrate zum Auslegen der Wiese genutzt. Stichprobenrahmen mit einem Innenmaß von 1 m^2 dienen zum Abgrenzen eines auszuzählenden Flächenstücks. Um der Tatsache Rechnung zu tragen, dass eine Wiese in der Regel nicht gleichmäßig bewachsen ist, werden mehrere gleich große Flächen (für die praktische Arbeit sind etwa fünf zu empfehlen) ausgezählt, die unterschiedlich dicht bewachsen sind. Anschließend wird das arithmetische Mittel dieser Stichproben berechnet. Dieser Wert wird dann für die Hochrechnung genutzt. Je nach Lernausgangslage kann die Selbstständigkeit der Schüler bei der Bearbeitung des Projekts unterschiedlich hoch sein. Der Prozess kann durch unterschiedliche vom Lehrer vorbereitete Arbeitsaufträge (z. B. Tabelle für das Erfassen der Zählung) unterstützt werden.

Vor allem für das Auszählen unterschiedlicher Flächenstücke bietet sich die Arbeitsteilung in Gruppen an. Neben der Anwendung des arithmetischen Mittels kann auch die Darstellung der Ergebnisse der Zählung für die einzelnen Flächenstücke in einem Diagramm erfolgen. Natürlich sollte bei einem solchen Projekt eine Reflexion über das Vorgehen und eine Diskussion über die Genauigkeit des ermittelten Wertes nicht fehlen.

Vernetzung mit anderen Leitideen – Entwicklung allgemeiner Kompetenzen

Bei den bisherigen Ausführungen stand die Behandlung der Leitidee „Daten und Häufigkeit" im Zentrum. An verschiedenen Stellen wurde darauf verwiesen, dass diese Leitidee auch Potenzial zur Vernetzung mit anderen Leitideen und der Entwicklung allgemeiner Kompetenzen hat. Dies wird in den abschließenden Bemerkungen dieses Kapitels explizit aufgegriffen.

Vernetzung mit anderen Leitideen

Zahlen und Operationen

Es liegt in der Natur der Sache, dass das Erfassen und Darstellen von Daten gleichzeitig ein Operieren mit Zahlen und auch Größen ist. Umgekehrt tragen diese Tätigkeiten auch zur Entwicklung der Zahlvorstellungen bei. Exemplarisch sollen zwei Beispiele aufgegriffen werden.

Speziell im Anfangsunterricht besteht eine enge Verzahnung zwischen dem Umgang mit Zahlen und dem Erfassen von Daten. Bei der Erschließung des Zahlenraums bis 20 werden

immer wieder Möglichkeiten gesucht, Anzahlen von Gegenständen aus dem Umfeld der Kinder zu erfassen (Kardinalzahlaspekt). Das Erfassen der Anzahl bestimmter Gegenstände entspricht dem Bestimmen absoluter Häufigkeiten.
Bekanntlich ist es schwer, kardinale Vorstellungen von großen Zahlen aufzubauen, da sich größere Anzahlen nur sehr aufwändig erfassen lassen. Entsprechende Vorgehensweisen zum Strukturieren der zu zählenden Gegenstände und bei Hochrechnungen können diesen Prozess unterstützen. Die Suche nach geeigneten Visualisierungen für große Zahlen ist eng verbunden mit der Suche nach entsprechenden grafischen Darstellungen. Genauso gehören solche in den Bildungsstandards angesprochenen Kompetenzen wie das Ordnen oder Runden zu den Tätigkeiten beim Erfassen und Darstellen von Daten.

Größen und Messen
Genau wie mit Zahlen wird beim Erfassen und Darstellen von Daten auch mit Größen operiert. Daten werden auch durch Messen gewonnen. So entsteht ein enger Bezug zur Entwicklung von Größenvorstellungen. Umgekehrt sind sichere Kenntnisse über die Größenbereiche und zugehörige Standardeinheiten eine wesentliche Voraussetzung für das Erfassen und Darstellen von Daten. Für die Anfertigung von grafischen Darstellungen sind Kompetenzen im Messen notwendige Voraussetzung.
Da das Erfassen von Daten in der Regel eine Auseinandersetzung mit einem Sachverhalt darstellt, ist der Zusammenhang zur Entwicklung der Kompetenz „mit Größen in Sachsituationen umgehen“ automatisch gegeben. Für viele Sachaufgaben liefern grafische Darstellungen das zugehörige Datenmaterial.

Raum und Form
Der Umgang mit grafischen Darstellungen trägt auch zur Entwicklung des räumlichen Vorstellungsvermögens bei. Für grafische Darstellungen werden geometrische Figuren als Elemente der Veranschaulichung genutzt, sodass auch hier entsprechende Kenntnisse benötigt werden bzw. umgekehrt abgeleitet werden.

Muster und Strukturen
Das Anliegen dieser Leitidee ist es, Gesetzmäßigkeiten sowie funktionale Beziehungen zu erkennen, zu beschreiben und darzustellen. Auch dazu können grafische Darstellungen unterstützend wirken. Zum einen kann über die den Darstellungen innewohnenden Strukturen gesprochen werden. Vor allem Liniendiagramme erfassen den Zusammenhang zwischen zwei Größen und damit auch funktionale Beziehungen. Hier sei besonders auf die Beispiele „Abbrennen einer Kerze“ und „Temperaturmessung“ (S. 53 ff.) verwiesen. Mit der Darstellung von Ware – Preis – Beziehungen in einem Liniendiagramm kann auch über proportionale Beziehungen nachgedacht werden.
Auf mögliche Verbindungen zwischen den beiden Teilbereichen „Daten erfassen und darstellen“ und „Wahrscheinlichkeit“ wird im Kapitel zur „Wahrscheinlichkeit in der Grundschule“ eingegangen.

Entwicklung allgemeiner Kompetenzen

Darstellen
Die für das Darstellen genannten Teilkompetenzen „für das Bearbeiten mathematischer Probleme geeignete Darstellungen entwickeln, auswählen und nutzen, eine Darstel-

lung in eine andere übertragen, Darstellungen miteinander vergleichen und bewerten“ sind expliziter Bestandteil des Erfassens und Darstellens von Daten. (vgl. dazu Perlefein / Eidam 2011)

Modellieren

Genauso eng ist die Verbindung zwischen dem „Erfassen und Darstellen von Daten“ und der Entwicklung der Kompetenz des Modellierens. Die Teilkompetenz „Sachtexten und anderen Darstellungen der Lebenswirklichkeit die relevanten Informationen entnehmen“ ist immanenter Bestandteil des Umgangs mit Daten. Häufig werden grafische Darstellungen als Informationsquelle genutzt. Bei genauerer Betrachtung wird deutlich, dass der Umgang mit Daten dem Durchlaufen des Modellierungskreislaufs entspricht. Zunächst werden Fragen an die Realität gestellt, die Voraussetzung für die folgende Datenerhebung sind. Durch anschließendes Mathematisieren wird die Realsituation mithilfe eines passenden Modells (Urliste, Strichliste, Tabelle, Säulendiagramm) beschrieben. Dieser Teilprozess kann in mehreren Schritten zunehmender Abstraktion erfolgen. Es folgt die mathematische Bearbeitung, in der Teilfragen gelöst werden, sowie das Interpretieren der Lösungen mit Rückblick auf die Ausgangssituation (Kontrollphase). Beim abschließenden Validieren wird die Gültigkeit und Nützlichkeit des Modells, d. h. der grafischen Darstellung bewertet. Ist es nötig, das Modell zu revidieren, so schließt sich in einem solchen Fall ein neuer Modellierungsprozess an (vgl. Büchter / Leuders 2005, S. 18 ff., 76 f.).

Kommunizieren

Die Entwicklung zum Kommunizieren ist als durchgängiges Prinzip bei der Arbeit mit statistischen Aufgaben zu verstehen. Besonders betont sei an dieser Stelle, dass viele Lernumgebungen so konzipiert sind, dass Kinder Aufgaben gemeinsam bearbeiten, dabei Verabredungen treffen und einhalten. Als wichtiges Merkmal für die Durchführung von Umfragen ist die Präsentation der Ergebnisse genannt worden. Dabei müssen Kinder eigene Vorgehensweisen beschreiben, aber auch die anderer verstehen und gemeinsam darüber reflektieren.

Argumentieren

Auch das Argumentieren ist als durchgängiges Prinzip zu verstehen. Wenn Kinder den Informationsgehalt von Diagrammen besprechen, sollte dies auch mit entsprechenden Begründungen verbunden werden. Beim Umgang mit fehlerhaften Darstellungen wird an der Entwicklung der Teilkompetenz „auf Korrektheit prüfen“ gearbeitet.

Problemlösen

Bei vielen Beispielen spielen die in den Bildungsstandards angesprochenen Kompetenzen zum Problemlösen eine Rolle. So fließt in viele Aufgaben das „Anwenden mathematischer Kenntnisse, Fertigkeiten und Fähigkeiten“ ein. Die Teilkompetenz „Zusammenhänge erkennen, nutzen und auf ähnliche Sachverhalte übertragen“, wird unter anderem dann entwickelt, wenn die Schülerinnen und Schüler bei der Wahl einer geeigneten Darstellungsform darüber nachdenken, wo ihnen ein ähnlicher Sachverhalt begegnet ist.

Literatur

Balzer, N. / Müller, K. (2009): *„Bedeutet ein Kästchen eine Zahl?" Der Umgang von Grundschulkindern mit Aufgaben zur Statistik.* Grundschulunterricht Mathematik 4, S. 25 - 28.

Bettner, M. / Dinges, E. (2005): *Stochastik in der Grundschule.* Persen.

Büchter, A. / Leuders, T. (2005): *Mathematikaufgaben selbst entwickeln. Lernen fördern – Leistung überprüfen.* Berlin: Cornelsen Scriptor.

Dennhöfer, D. / Neubert, B. (2006): *Wie viele Autos fahren an unserer Schule vorbei? – Erfassen und Darstellen von Daten in der dritten Klasse.* Grundschulunterricht 2, S. 8 - 13.

Diagramme aus der Zeitung (Folien und Begleitheft) (2009): Grundschule Mathematik 21, Materialpaket.

Glaser, B. / Neubert, B. (2003): *Unsere Schule in Zahlen.* Sache – Wort – Zahl 58, S. 26 - 30 und S. 35 - 37.

Häring, G. (2009): *„Das C kommt eher selten vor?"* Grundschule Mathematik 21, S. 18 - 22.

Hasemann, K. / Mirwald, E. / Hoffmann, A. (2008): *Daten, Häufigkeit, Wahrscheinlichkeit.* In: Walther u. a. (Hrsg.): *Bildungsstandards für die Grundschule.* Mathematik konkret. Berlin: Cornelsen Scriptor.

Hollingsworth, C. (1995): *Ein Einstieg in die Statistik mit Cuisenaire-Stäben.* Stochastik in der Schule 3, S. 2 - 4.

Hornschuh, H.-D. / Sewerin, H. (2010): *Pisa-Training. Denkaufgaben zur Stochastik für Klasse 3 und Klasse 4.* Offenburg: Mildenberger.

Klunter, M. / Raudies, M. / Veith, U. (2010): *Daten, Zufall und Wahrscheinlichkeit. Unterrichtsideen zum Beobachten und Kombinieren für die Klassen 1 und 2.* Bildungshaus Schulbuchverlage.

KMK (Hrsg.) (2005): *Bildungsstandards im Fach Mathematik für den Primarbereich.* München, Neuwied.

Ladel, S. (2011): *Darstellen von Diagrammen am Computer. Daten schnell erfassen und auswerten – ob zum Thema „Bauernhof" oder zur „Drehscheibe".* Grundschulunterricht Mathematik 2, S. 23 - 26.

Lehner, S. / Mehltretter, K.(2009): *Kinder entdecken Stochastik. Daten, Wahrscheinlichkeit und Kombinatorik 1.–4. Schuljahr.* München: Oldenbourg.

Lindenau, V. / Schindler, M. (1977): *Wahrscheinlichkeitsrechnung in der Primarstufe und Sekundarstufe I.* Bad Heilbrunn, Obb.: Klinkhardt.

Lörcher, Ch. / Lörcher, G. A. (1975): *Nuffield Mathematikprojekt. Konkrete Mathematik in der Grundschule 1.* Stuttgart, Ernst Klett Verlag, S. 117 - 131.

Mirwald, E. / Nitsch, B. (2001): *Wie viele Gänseblümchen stehen auf unserer Sommerwiese?* Grundschulunterricht 6, S. 21 - 23.

Naumann, M. (2008): *„Meine Klasse in Zahlen". Erste Erfahrungen im Umgang mit Diagrammen und Tabellen.* Grundschulunterricht Mathematik 2, S. 16 - 19.

Panknin, M. (1972): *Kombinatorik, Wahrscheinlichkeit und Statistik für die Klassen 1–6.* Bochum: Kamp.

Parlow, M. / Louwen, U. (1999): *Zeit-Werkstatt.* Grundschulunterricht 12, S. 6 - 10.

Perlefein, C. / Eidam, C. (2011): *Darstellen – Arbeitsblätter zur Wahrscheinlichkeit, Kombinatorik und Statistik.* Grundschulunterricht Mathematik 2, S. 38 - 45.

Rink, R. (2009): *Bekommst du vorgelesen?* Grundschule Mathematik 21, S. 10 - 13.

Ruwisch, S. (2009): *Daten frühzeitig thematisieren.* Grundschule Mathematik 21, S. 4 - 7.

Schimpf, B. (2009): *Untersuchung zu Kompetenzen von Schülern der 3. Klasse beim Bearbeiten von statistischen Aufgabenstellungen.* Wissenschaftliche Hausarbeit. Gießen (unveröffentlicht).

Schipper, W. / Dröge, R. / Ebeling, A. (2000): *Handbuch für den Mathematikunterricht 4. Schuljahr.* Hannover: Schroedel.

Schwalm, A. (2008): *Erarbeitung von Diagrammen in einem zweiten Schuljahr.* Grundschulunterricht Mathematik 2, S. 8 - 12.

Stein, A. (2011): *„Wie beim Thermometer – wenn es kalt ist, geht es nicht so weit hoch." Beispiele für das Darstellen von Daten in den Klassen 3 und 4.* Grundschulunterricht Mathematik 2, S. 19 - 22.

Wittmann, E. Ch. / Müller, G. N. (2005): *Das Zahlenbuch 3. Lehrerband.* Leipzig, Stuttgart, Düsseldorf: Klett.

Wahrscheinlichkeit und Zufall in der Grundschule

Zufallsbedingte Phänomene tangieren nicht nur die Lebensräume der Erwachsenen, sondern beeinflussen gelegentlich auch das Leben von Kindern. Das wohl meist genannte Beispiel dafür ist das Nutzen des Würfels als Zufallsgenerator bei Brettspielen wie „Mensch ärgere dich nicht", um auf gerechtem und zufälligem Wege die vorzurückenden Spielfelder zu ermitteln.

Mit der Tatsache, dass Kinder schon sehr früh Erfahrungen mit dem Zufall sammeln, geht die Frage einher, ab welchem Alter Schülerinnen und Schüler im Unterricht mit Zufall und Wahrscheinlichkeit in Berührung kommen können und sollten. Für einen frühen Einstieg plädieren seit Jahren nicht nur zahlreiche Mathematikdidaktiker, sondern auch Psychologen wie JEROME BRUNER oder JEAN PIAGET. Im Schulalltag hat die Thematik jedoch bis heute unterschiedliche Beachtung gefunden. Während immer mehr Grundschullehrerinnen und -lehrer mit Begeisterung über schöne Stunden zur Wahrscheinlichkeit berichten, befürchten Skeptiker mit der Behandlung des Themas „Wahrscheinlichkeit" einen zu hohen Anspruch oder die Vernachlässigung anderer mathematischer Inhalte. Durch den verbindlichen Charakter der im Jahre 2005 veröffentlichten Bildungsstandards im Fach Mathematik für den Primarbereich und den damit verbundenen Einzug in Lehrpläne und Curricula der einzelnen Bundesländer bekam das Thema auch für den Unterricht größere Bedeutung. Entsprechende Anregungen in Neubearbeitungen von Schulbüchern unterstützen diesen Prozess (vgl. Neubert 2008).

Dieses Kapitel betrachtet das Thema „Wahrscheinlichkeit und Zufall in der Grundschule" von verschiedenen Seiten. Zunächst werden Gründe für die Behandlung von Wahrscheinlichkeit in der Grundschule aufgeführt. Es folgen Darstellungen zu den Zielen, die es dabei zu verfolgen gilt und Hinweise zur Einordnung in den Unterricht. Der Charakterisierung von Zugängen zur Wahrscheinlichkeit mit speziellem Blick auf die Primarstufe folgt als Hauptteil des Kapitels eine kommentierte Aufgabensammlung als Anregung für den Unterricht in der Grundschule. Zum Abschluss werden Erfahrungen zu Vorstellungen und Lösungsstrategien von Grundschülern vorgestellt und Möglichkeiten zur Vernetzung mit anderen Leitideen des Mathematikunterrichts sowie zur Entwicklung allgemeiner Kompetenzen beschrieben.

Gründe für die Behandlung von Wahrscheinlichkeit in der Grundschule

Im Folgenden werden vier Begründungsfelder für die Behandlung von Wahrscheinlichkeit in der Grundschule herausgearbeitet. Damit soll kein Anspruch auf Vollständigkeit erhoben, sondern lediglich das weite Spektrum an unterschiedlichen Argumenten verdeutlicht werden.

Begründungsfeld 1:
Stochastik trägt zur Umwelterschließung bei.
Diese Begründung schließt an die Eingangsbemerkungen dieses Kapitels an, dass auch Vor- und Grundschulkinder bereits Erfahrungen sammeln, die auf deterministische und nichtdeterministische Phänomene der Wirklichkeit zurückzuführen sind. Die

Grundschule muss daher die Aufgabe wahrnehmen, diese Erfahrungen aufzugreifen, fortzusetzen und teilweise zu systematisieren. So werden Kinder befähigt, stochastische Gesetzmäßigkeiten in der uns umgebenden Welt besser zu erkennen und zu verstehen.

Begründungsfeld 2:
Vollständiges Verstehen des Wahrscheinlichkeitsbegriffes braucht Zeit.

Zu diesem Begründungsfeld sollen zwei Aspekte angesprochen werden. Zahlreiche Untersuchungen zur Entwicklung des Zufalls- und Wahrscheinlichkeitsbegriffs zeigen, dass bereits Grundschüler in der Lage sind, mit Aufgaben zur Wahrscheinlichkeit umzugehen. Andererseits wird vielfach betont, dass der Wahrscheinlichkeitsbegriff aufgrund seiner Struktur als schwierig einzuschätzen ist und nicht in einem Kurzlehrgang erschlossen werden kann. Die alleinige Behandlung der Thematik ab der Sekundarstufe I oder wie in der Vergangenheit gar erst in der Oberstufe des Gymnasiums scheint daher unbefriedigend. Zudem bringen Sekundarstufenschüler grundlegenden Problemen, die in der Grundschule auf experimenteller Stufe mit konkreten Materialien bewältigt werden können, nicht immer das entsprechende Interesse entgegen. Deswegen ist ein Vorgehen im Sinne des Spiralprinzips zu empfehlen.

Der zweite Aspekt dieses Begründungsfeldes besteht in einer schon frühzeitig beginnenden Auseinandersetzung mit Fehlvorstellungen über zufallsbedingte Phänomene, die auch den Unterricht in den weiterführenden Schulen beeinflussen können. Im Abschnitt „Vorstellungen und Lösungsstrategien von Grundschülern" dieses Kapitels wird darauf genauer eingegangen.

Begründungsfeld 3:
Aufgaben zur Wahrscheinlichkeit besitzen eine hohe intrinsische Motivation.

Durch den meist spielerisch-experimentellen Umgang mit zufallsbedingten Phänomenen können Freude am Mathematikunterricht geweckt sowie Phantasie und Schöpfertum gefördert werden. Die Schüler werden somit durch die Sache selbst für den Lerngegenstand motiviert. Im Allgemeinen wird beobachtet, dass Aufgaben zur Wahrscheinlichkeit die Kreativität und eine positive Einstellung zur Mathematik anregen sowie einen Neuanfang für Schüler mit Problemen im Fach bieten können, da am Anfang nur geringe Vorkenntnisse erforderlich sind.

Begründungsfeld 4:
Das Thema erhält Verbindlichkeit durch die von der Kultusministerkonferenz beschlossenen Bildungsstandards.

Das vierte Begründungsfeld liegt auf einer anderen Ebene als die drei bisher betrachteten, soll aber wegen der aktuellen Bedeutung für den Mathematikunterricht der Grundschule nicht unerwähnt bleiben. Dabei geht es nicht nur um die eigenständige Umsetzung der Leitidee „Daten, Häufigkeit und Wahrscheinlichkeit", sondern auch um die Verbindung dieser Leitidee mit anderen Leitideen und die Möglichkeit der Förderung allgemeiner mathematischer Kompetenzen.

Ziele bei der Behandlung von Wahrscheinlichkeit für die Grundschule

Ziele bei der Behandlung des Themas „Wahrscheinlichkeit“ in der Grundschule lassen sich grundsätzlich aus den KMK-Bildungsstandards ableiten. Für die Leitidee „Daten, Häufigkeit und Wahrscheinlichkeit“ wird angestrebt, dass Schülerinnen und Schüler am Ende der 4. Jahrgangsstufe die Kompetenz erworben haben, „Wahrscheinlichkeiten von Ereignissen in Zufallsexperimenten (zu) vergleichen“.

Diese Kompetenz wird in zwei Teilkompetenzen untergliedert:

„Begriffe kennen: sicher; unmöglich; möglich, aber nicht sicher

Gewinnchancen bei einfachen Zufallsexperimenten (z. B. bei Würfelspielen) einschätzen“

(KMK 2005, S. 11)

Diese Vorgaben sind als Groborientierung für das Ende der Grundschulzeit zu verstehen. Die angestrebten Kompetenzen können aber nur in einem Prozess erworben werden, der die gesamte Grundschulzeit umfasst. Dabei geht es nicht darum, im Mathematikunterricht der Grundschule Wahrscheinlichkeitsrechnung zu betreiben. „Aufgabe des Unterrichts ist es vielmehr, die sehr subjektiven und intuitiven kindlichen Vorstellungen über die Wahrscheinlichkeit von Ereignissen zu mehr objektiven und in einfachen Spielsituationen auch quantitativen Einschätzungen zu führen.“ (Schipper 2009, S. 284)

In Anlehnung an weitere Literatur (u. a. Hasemann / Mirwald / Hoffmann 2008, Schipper 2009) lassen sich folgende Ziele für die Behandlung des Themas „Wahrscheinlichkeit in der Grundschule“ ableiten:

In der Primarstufe sollen Schülerinnen und Schüler behutsam an den Wahrscheinlichkeitsbegriff herangeführt werden. Die Kinder sollen erfahren und erkennen, dass es zufällige Ereignisse gibt, deren Ausgang nicht vorher angegeben werden kann, und lernen, zwischen zufälligen und gesetzmäßigen Vorgängen bzw. Erscheinungen zu unterscheiden.

Die Kinder sollen erkennen, dass bei symmetrischen Zufallsgeneratoren Elementarereignisse gleich wahrscheinlich sind, bei asymmetrischen dies nicht der Fall ist.

Darauf aufbauend besteht ein weiteres Ziel im Einschätzen und Vergleichen von Wahrscheinlichkeiten. Dabei geht es auf einer ersten Stufe um qualitative Vergleiche, die sich an der Frage „Was ist wahrscheinlicher?“ orientieren. Eine Niveausteigerung stellen Aufgabenformate dar, bei denen die Kinder die Wahrscheinlichkeiten verschiedener Ereignisse qualitativ vergleichen und auf einer Wahrscheinlichkeitsskala zwischen „unmöglich“ und „sicher“ einordnen. Dabei ist die Verwendung von Begriffen wie „wahrscheinlicher als“, „weniger wahrscheinlicher als“ und „gleich wahrscheinlich“ anzustreben.

Für einfache Zufallsexperimente sollen die Kinder mithilfe kombinatorischer Überlegungen die Anzahl der für ein Ereignis günstigen Ergebnisse bestimmen und damit auch erste quantitative Vergleiche vornehmen können.

Die Kinder sollen erste Fachbegriffe der Stochastik (wahrscheinlich, unmöglich, sicher, Zufall) kennen und verstehen lernen und dabei erkennen, dass diese in Fach- und Umgangssprache mitunter unterschiedlich verwendet werden.

Darüber hinaus kann die Behandlung von Wahrscheinlichkeit auch zur Entwicklung der in den Bildungsstandards geforderten

allgemeinen Kompetenzen beitragen.
Für die Umsetzung der Ziele ist es notwendig, Aufgabenformate und Lernumgebungen zu entwickeln, die den Schülern Gelegenheit geben, sich auf unterschiedliche Art und Weise mit dem Thema Wahrscheinlichkeit auseinanderzusetzen:

- Erkennen, dass bestimmte Ereignisse zufällig sind,
- Eintrittswahrscheinlichkeiten unter Verwendung von Fachbegriffen qualitativ einschätzen und entsprechende Vermutungen begründen,
- durch Beobachtungen an langen Versuchsreihen die Erkenntnis gewinnen, dass sich die Wahrscheinlichkeit immer mehr einem Wert annähert,
- Bestimmen von Anzahlen der möglichen und günstigen Ergebnisse einfacher Zufallsexperimente ohne explizite Verwendung der Bruchrechnung,
- Unterscheiden zwischen symmetrischen und asymmetrischen Zufallsgeneratoren,
- Formulieren von Spielregeln und „Konstruieren" von Zufallsgeneratoren nach bestimmten Vorgaben.

Einordnung in den Unterricht

Gegenwärtig besteht weitgehend Einigkeit, dass die Behandlung von Wahrscheinlichkeit in der Grundschule im Sinne des **Spiral- und Integrationsprinzips** erfolgen sollte. „Wahrscheinlichkeit" ist als ein Inhaltsbereich zu betrachten, der im gesamten Mathematikunterricht immer wieder berücksichtigt und aufgegriffen wird. Zum einen sollte das Thema zu verschiedenen Zeitpunkten und auf verschiedenen Niveaustufen, zum anderen nicht vordergründig als eigenständiges Stoffgebiet, sondern möglichst in Verbindung mit anderen mathematischen Stoffgebieten behandelt werden. Auf Möglichkeiten dieser Vernetzung sowie zur Entwicklung allgemeiner Kompetenzen wird später konkret eingegangen. Innerhalb des Mathematikunterrichts gibt es vor allem Möglichkeiten für eine Integration in das Sachrechnen (vgl. Löhr 2009). Bei Sachthemen und Projekten lassen sich viele geeignete Anlässe für Aufgaben zur Wahrscheinlichkeit finden. An dieser Stelle sei nur das naheliegende Beispiel der Einbeziehung von Glücksrädern und Losbuden bei einem Klassenfest genannt. Durch die Vielfältigkeit der Anwendungen der Wahrscheinlichkeit können Verbindungen nicht nur zu anderen Themengebieten der Mathematik, sondern auch zu anderen Schulfächern gesucht werden. Besonders soll hier auf ein mögliches Zusammenwirken mit dem Deutschunterricht verwiesen werden. Hier können Fachbegriffe der Stochastik mit deren Verwendung im Alltag verglichen und das präzise Verbalisieren und Formulieren von Wahrscheinlichkeitsaussagen geübt werden.
Der Umgang mit Wahrscheinlichkeiten in der Grundschule soll **propädeutisch** in Bezug auf die systematische Auseinandersetzung in der Sekundarstufe erfolgen. Die Schüler werden an wichtige Denk- und Arbeitsweisen der Stochastik sowie Begriffe und Verfahren herangeführt, ohne diese ausdrücklich zu definieren. Besonders kommt es darauf an, die Schüler für die Unterscheidung zwischen zufälligen und gesetzmäßigen Erscheinungen zu sensibilisieren. Eine zu schnelle Einführung von Begriffen und Berechnungsregeln ist für das Verständnis eher kontraproduktiv und wird dem Lernverhalten und dem geistigen Bildungsstand von Grundschülern nicht

gerecht. Es geht nicht darum, die zugrunde liegende mathematische Theorie der Wahrscheinlichkeitsrechnung zum Gegenstand des Mathematikunterrichts der Grundschule zu machen. Da die schon für einfache Berechnungen von Wahrscheinlichkeiten notwendige Bruchrechnung erst in der Sekundarstufe I behandelt wird, sind hier auch „mathematische Grenzen" gesetzt. Ein Vorziehen der Bruchrechnung ist nicht empfehlenswert. Auch die Befunde zum Verständnis des Verhältnisaspekts von Brüchen, die später noch dargestellt werden, sprechen dagegen.

Die Behandlung von Wahrscheinlichkeit in der Grundschule stellt – wie bereits an anderen Stellen in diesem Buch angesprochen – für die Kinder kein absolutes Neuland dar. Aus ihrer Erfahrungswelt bringen sie in der Regel schon Vorerfahrungen mit, die auch mit recht unterschiedlichen Vorstellungen zum Wahrscheinlichkeitsbegriff verbunden sind. Für den Unterricht ist es daher notwendig, die Vorerfahrungen der Schüler zu analysieren und daran anzuknüpfen. Allerdings sollte zunächst nicht angestrebt werden, die vorunterrichtlichen und intuitiven Erfahrungen vollständig zu revidieren. Die Schüler sollen vielmehr die Möglichkeit erhalten, ihre Erfahrungen zu zufälligen Phänomenen in Spielsituationen zu erweitern, vorunterrichtliche Erfahrungen aufzuarbeiten und gegebenenfalls anzuzweifeln. So können die Schüler von subjektiven Vorstellungen zu zunehmend objektiveren und formaleren Auffassungen im Umgang mit der Wahrscheinlichkeit geführt werden.

Zum Heranführen an das Thema sollten die Schüler Gelegenheit bekommen, Zufallsexperimente selbstständig durchzuführen. Dieses handelnde Vorgehen entspricht der enaktiven Ebene der BRUNERschen Unterrichtsdimensionen. Die Experimente sind zudem motivierend und faszinierend für die Kinder. Es reicht aber nicht, Experimente nur durchzuführen, sondern zufällige Phänomene müssen auch ausgewertet, erklärt und in einen Zusammenhang eingebettet werden. Die Kinder sollten deshalb genügend Raum bekommen, über ihre Tätigkeit zu reflektieren. Für die Grundschule stellt das spielerisch-experimentelle Vorgehen mit Zufallsversuchen eine sinnvolle und kindgerechte Herangehensweise an Betrachtungen zur Wahrscheinlichkeit dar.

Zugänge zur Wahrscheinlichkeit

Im Kapitel 2: „Fachliche Grundlagen zur Wahrscheinlichkeit" wurden verschiedene Möglichkeiten aufgezeigt, den Wahrscheinlichkeitsbegriff mit mathematischen Mitteln zu beschreiben. Daraus ergeben sich unterschiedliche Zugänge zur Wahrscheinlichkeit, an die auch in der Grundschule angeknüpft werden kann. In der Regel wird zwischen dem empirisch-statistischen und dem klassisch-kombinatorischen Zugang unterschieden.

Beim **empirisch-statistischen Zugang** (auch als frequentistischer Zugang bezeichnet) wird über das Ermitteln und Vergleichen von Häufigkeiten eine Abschätzung für die Wahrscheinlichkeit eines bestimmten Ereignisses gefunden. Es geht also um Beobachtungen von Zufallsexperimenten. Dazu werden Zufallsexperimente, z. B. Drehen eines Glücksrads oder Ziehen aus einer Urne, mehrfach durchgeführt. Die Ergebnisse werden festgehalten und ausgewertet (z. B. mithilfe von Strichlisten). Es ist zu beachten, dass bei kleinen Versuchsreihen auch „untypische“ Verteilungen auftreten können, bei denen nicht unbedingt das Ereignis mit der theoretisch größten Wahrscheinlichkeit am häufigsten auftreten muss. Tritt ein solcher Fall im Unterricht ein, so sollte das Anlass sein, die Zufälligkeit eines jeden Durchgangs und die Notwendigkeit einer höheren Anzahl von Versuchen zu thematisieren. Dies bietet außerdem die Möglichkeit, das empirische Gesetz der großen Zahlen entdecken zu lassen und darüber zu reflektieren.

Dem **klassisch-kombinatorischen Zugang** liegt der klassische Wahrscheinlichkeitsbegriff (LAPLACE-Formel) zugrunde. Hier geht es um theoretische Überlegungen zur Wahrscheinlichkeit von Ereignissen. Die Anzahl der günstigen Möglichkeiten für das Eintreten des gewünschten Ereignisses wird der Gesamtanzahl aller Möglichkeiten gegenübergestellt. Für eine vollständige Umsetzung dieses Weges werden Kenntnisse zur Bruchrechnung und Kombinatorik benötigt. Auch wenn diese Themengebiete eher zur Sekundarstufe gehören, kann der klassisch-kombinatorische Zugang anhand spezieller Beispiele auch schon in der Grundschule gewählt werden. Bei Aufgaben zum Vergleich der Gewinnchancen innerhalb eines Zufallsgenerators lassen sich die Überlegungen auf einen Vergleich der günstigen Möglichkeiten „reduzieren“, indem die Ergebnismenge bei beiden Zufallsgeneratoren gleich ist. So genügt es zur Beantwortung der Frage „Ist es leichter, eine gerade oder eine ungerade Zahl zu würfeln?“, die jeweils günstigen Fälle zu vergleichen. Für beide Ereignisse gibt es drei günstige Fälle, für „ungerade Zahl“ 1, 3, 5, für „gerade Zahl“ 2, 4, 6. Nutzt man zum Vergleich der Wahrscheinlichkeiten der beiden Ereignisse die LAPLACE-Formel, setzt man die Anzahl der günstigen Ergebnisse ins Verhältnis zur Anzahl aller Möglichkeiten eine bestimmte Zahl von 1 bis 6 mit einem Würfel zu würfeln. Für beide Fälle gilt: $P = \frac{1}{2}$. Dies bedeutet, die Wahrscheinlichkeit für beide Ereignisse ist gleich. Zu diesem Schluss gelangt man auch, wenn man lediglich die Anzahlen der günstigen Ergebnisse (jeweils 3) vergleicht. Bei diesem Vorgehen wird die gleichbleibende Anzahl von insgesamt sechs möglichen Ergebnissen „vernachlässigt“.

Das oben angesprochene spielerisch-experimentelle Vorgehen orientiert sich eher am empirisch-statistischen Zugang. Auch wenn es vielen Grundschulkindern, wie später gezeigt wird, noch schwer fällt, die Gewinnchancen zwischen Zufallsgeneratoren theoretisch einzuschätzen, sollte aber auf solche Überlegungen nicht grundsätzlich verzichtet werden. Zum einen zeigen viele Berichte, dass sich Grundschüler gern mit kombinatorischen Fragestellungen auseinandersetzen, zum anderen entwickelt sich auch das Verständnis von Brüchen.
Es ist relativ leicht möglich, durch veränderte Formulierung der Aufgabenstellung für den gleichen Sachverhalt den empirisch-statistischen Zugang oder klassisch-kombinatorischen Zugang zu wählen. Dazu betrachten wir ein Beispiel zum Vergleich zweier Glücksräder.

Aufgabe A:
Du siehst hier zwei Glücksräder mit grauen Gewinnfeldern.
Drehe an jedem Glücksrad 50-mal.
Notiere für beide Räder, wie oft der Zeiger auf einem grauen Feld stehen bleibt.
Kannst du erklären, warum das so ist?

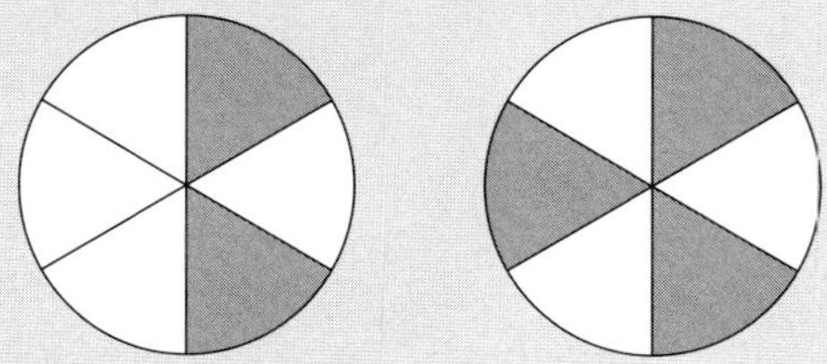

Aufgabe B:
Du siehst hier zwei Glücksräder mit grauen Gewinnfeldern. Bei welchem Rad sind die Gewinnchancen größer? Warum?

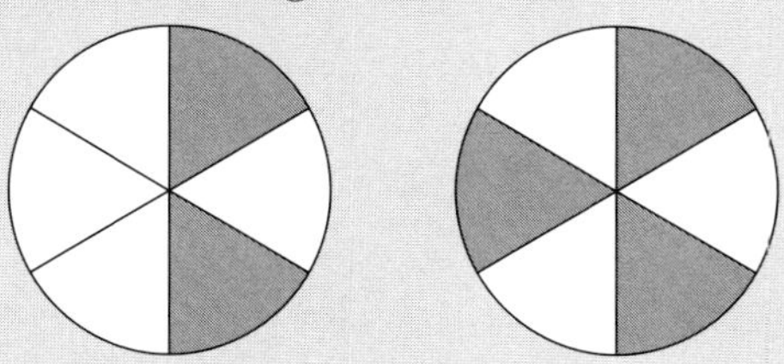

Die Formulierung von Aufgabe A fordert zum Experimentieren und Notieren der Ergebnisse auf und orientiert sich damit am empirisch-statistischen Weg. Die Aufforderung zur Begründung stellt die Verbindung zu theoretischen Überlegungen her.
Die Formulierung von Aufgabe B regt zu theoretischen Überlegungen an und ist typisch für den klassisch-kombinatorischen Weg. Die Kinder sollen die unterschiedliche Anzahl günstiger Felder auf den Glücksrädern vergleichen und daraus eine Entscheidung für das Rad mit den größeren Gewinnchancen treffen. Natürlich ist anschließend eine empirische Überprüfung möglich.

Prinzipiell ist zu empfehlen, den Schülern mehrere Zugangs- bzw. Lösungswege zu ermöglichen und diese auch zu thematisieren. Eine parallele Behandlung bzw. enge Verbindung mehrerer Wege ist ebenfalls denkbar. Durch praktisches Tun und Handeln wird Grundschulkindern die Gelegenheit gegeben, stochastische Erfahrungen zu sammeln sowie eigene Urteile zu überprüfen. Finden beide erwähnte Zugänge zur Wahrscheinlichkeit Berücksichtigung, so hat dies den Vorteil, dass die Schülerinnen und Schüler verschiedene Lösungswege kennenlernen, nach denen sie bei der Bearbeitung stochastischer Aufgabenstellungen vorgehen können. Es steht ihnen damit frei, ob sie zunächst kombinatorisch überlegen oder experimentieren (vgl. Grünewald 1991, S. 615). Zuvor aufgestellte Vermutungen der Schüler können beispielsweise mittels Versuchsreihen experimentell überprüft werden.

Ein besonders prägnantes Beispiel für das Zusammenwirken beider Zugangswege ist das „Würfeln mit zwei Würfeln“. An eigenen Versuchsreihen (empirisch-statistischer Zugang) können die Kinder erkennen, dass bestimmte Augensummen häufiger fallen als andere. Durch eine Analyse der möglichen Augensummen zwischen 2 und 12 (klassisch-kombinatorischer Zugang) erfahren die Kinder eine theoretische Begründung für das vorher beobachtete Phänomen (vgl. dazu u. a. Hattermann / Weigel 2011, Pfeil 2011).

Bei der Verwendung von Glücksrädern und geometrischen Körpern besteht zudem die Möglichkeit, Gewinnchancen durch **geometrische Überlegungen** abzuschätzen, indem die Flächenanteile der günstigen Ereignisse verglichen werden.

Aufgaben zur Wahrscheinlichkeit für die Grundschule

Die umfangreiche Aufgabensammlung orientiert sich an den aufgeführten Zielen zur Behandlung von Wahrscheinlichkeit. Bei der Auswahl, Gliederung und Reihenfolge wurde versucht, verschiedene Niveaustufen zu berücksichtigen.
Beim Bearbeiten der Aufgaben des ersten Abschnitts soll den Kindern der Unterschied zwischen zufälligen und deterministischen Ereignissen bewusst werden. Durch die Verwendung von Begriffen wie *sicher; unmöglich; möglich, aber nicht sicher* werden sie behutsam an zugehörige Fachtermini herangeführt.
An den Aufgaben der weiteren Abschnitte sollen die Grundschüler erkennen, dass bestimmte Ereignisse (theoretisch) eine unterschiedliche Wahrscheinlichkeit für das Eintreffen haben. Dabei geht es vordergründig um Einschätzungen und Vergleiche auf qualitativer Ebene. Die Aufgaben des ersten Teils sind im Kontext von Alltagssituationen gewählt, die meisten Aufgaben beziehen sich auf Zufallsgeneratoren. Bei einigen dieser Aufgaben lassen sich auch erste quantitative Überlegungen anstellen.

Zufällige und nicht zufällige Ereignisse

Mithilfe der folgenden Beispiele sollen die Kinder für den Unterschied zwischen deterministischen und nichtdeterministischen Erscheinungen sensibilisiert werden.

Aufgabe 1:

Lies die folgenden Sätze. Entscheide, ob die beschriebenen Ereignisse zufällig sind oder nicht.
Kreuze die zufälligen Ereignisse an.

Papa hatte gestern beim Lotto „drei Richtige".	☐
Michael hat sich beim Fußballspielen das Bein gebrochen.	☐
Bei 0 °C gefriert Wasser.	☐
An der Nordseeküste gibt es regelmäßig Ebbe und Flut.	☐
Beim Werfen einer Münze wählt Uwe „Wappen" und Ilka „Zahl". Ilka gewinnt.	☐
Thomas würfelt beim „Mensch ärgere Dich nicht!" beim ersten Wurf eine 6.	☐

Beim Bearbeiten von Aufgabe 2 sollen die Kinder erkennen, dass Einzelereignisse innerhalb einer längeren Versuchsreihe nicht voneinander abhängig sind.

Aufgabe 2:

Beim Werfen einer Münze erscheint beim ersten Wurf „Zahl".

Was wird beim zweiten Wurf erscheinen?

„Zahl" ________

„Wappen" ________

Kann man nicht vorhersagen ________

Kreuzt die eurer Meinung nach richtige Antwort an. Begründet die Antworten.

Bei Aufgabe 3 geht es um die Verwendung der Begriffe sicher, möglich und unmöglich. Für die Grundschule erscheinen die folgenden Begriffserklärungen sinnvoll.
Unmöglich: trifft nie zu, kann niemals geschehen
Möglich: kann schon sein, ist durchaus möglich
Sicher: trifft immer zu, stimmt genau

Aufgabe 3:

Kann das sein?

a) Meine Mutter ist jünger als ich.
b) Der Mond bewegt sich um die Erde.
c) Morgen wird es schneien.
d) Am 30. Dezember ist Silvester.
e) Manchmal hat ein Monat nur 28 Tage.
f) Eine Kuh fliegt über die Schule.
g) Zwei Kinder einer Schule haben am gleichen Tag Geburtstag.
h) Du würfelst mit einem Würfel eine 7.
i) Du würfelst mit zwei Würfeln die Summe 6.
j) Ein Rechteck hat zwei gleich lange Seiten.
k) Ein Rechteck hat vier gleich lange Seiten.

Eine weitere Möglichkeit für den Unterricht besteht darin, dass die Kinder eigene Beispiele zu unmöglichen, möglichen und sicheren Ereignissen bilden.

Aufgabe 4:

Finde selbst Beispiele, bei denen du meinst, dass sie sicher, möglich oder unmöglich sind. Lass deine Mitschüler entscheiden.

Vergleichen von Wahrscheinlichkeiten in Alltagssituationen

Bei der folgenden Aufgabe sollen die Schüler einschätzen, welches der Ereignisse wahrscheinlicher ist. Der Kontext wurde der Alltagswelt der Schüler entnommen und sollte entsprechend der jeweiligen Situation in der Klasse modifiziert werden.

Aufgabe:

Untersuche bei den Beispielen jeweils, welches der Ergebnisse a und b wahrscheinlicher ist. Begründe deine Entscheidung.

Beispiel 1

a) Alle Schüler der Klasse erledigen ihre Hausaufgaben ordentlich.
b) Wenigstens die Hälfte der Schüler erledigt ihre Hausaufgaben ordentlich.

Beispiel 2

a) Peter hat genau sieben Freunde.
b) Peter hat mindestens drei Freunde.

Beispiel 3

a) Wenn die große Schwester Essen kocht, ist meistens alles angebrannt und versalzen.
b) Wenn die große Schwester Essen kocht, ist meistens alles angebrannt oder versalzen.

Beispiel 4

a) Der Lehrer wird heute Sarah und Max an die Tafel nehmen.
b) Der Lehrer wird heute Sarah oder Max an die Tafel nehmen.

Beispiel 5

a) Katrin macht im Diktat keinen Fehler.
b) Katrin macht im Diktat höchstens einen Fehler.

Aufgaben zu verschiedenen Zufallsgeneratoren

Auch die Aufgaben dieses Abschnitts dienen vor allem der Entwicklung der Kompetenz zum Einschätzen von Gewinnchancen bei einfachen Zufallsexperimenten. Viele Aufgabenstellungen regen stärker zu theoretischen Überlegungen an und orientieren sich damit am klassisch-kombinatorischen Weg. Sie lassen sich aber wie oben dargestellt durch eine Veränderung des Arbeitsauftrags auch für den empirisch-statistischen Weg nutzen. Die meisten der vorgestellten Beispiele haben spielerisch-experimentellen Charakter. Auch wenn es einzelne Stimmen gibt, die sich gegen Glücksspiele im Unterricht aussprechen, so sollte diese Möglichkeit als motivierender Faktor für das Heranführen an Überlegungen zur Wahrscheinlichkeit genutzt werden. Außerdem gehören Spiele mit Zufallscharakter zur unmittelbaren Erfahrungswelt der Schülerinnen und Schüler.
Die Aufgaben sind nach Zufallsgeneratoren geordnet. Der Grund dafür ist das unterschiedliche didaktische Potenzial, das einzelne Zufallsgeneratoren für die Verwirklichung verschiedener Ziele haben (vgl. Neubert 2011, S. 4). Aus der Reihenfolge sollten aber keine zwingenden Schlüsse für die Abfolge im Unterricht gezogen werden. Beim Vorstellen der Aufgaben zu den jeweiligen Zufallsgeneratoren werden vielfältige Hinweise zu Besonderheiten der Zufallsgeneratoren und dem Schwierigkeitsgrad der Aufgaben gegeben.
Für die Aufgabenstellungen wurden folgende Zufallsgeneratoren gewählt:
- Ideale Münze
- Würfel, Platonische Körper, Quader
- Urne
- Glücksrad und Glückskreisel

Zum Schluss werden Aufgaben aufgeführt, bei denen verschiedene Zufallsgeneratoren hinsichtlich der Gewinnchancen zu vergleichen sind.

Ideale Münze

Die „ideale Münze" ist ein sehr einfacher Zufallsgenerator, da bei einem Wurf nur die Ereignisse „Kopf" und „Zahl" möglich sind. Für den Unterricht ist vor allem die Frage „Was fällt häufiger Kopf oder Zahl?" geeignet. An Versuchsreihen mit größer werdender Anzahl (mindestens 50 Würfe) können die Kinder erkennen, dass Zahl und Kopf etwa gleich oft fallen, die Ergebnisse demnach gleichwahrscheinlich sind. Diese Erkenntnis kann auch durch das einmalige Werfen entsprechend vieler Münzen erreicht werden. Beim mehrmaligen Werfen einer Münze sollte auch betont werden, dass man nicht vorhersagen kann, ob beim nächsten Wurf Kopf oder Zahl fällt. Damit kann das Verständnis vertieft werden, dass es sich hierbei um ein zufälliges Ereignis handelt.
Im Unterricht kann die Münze durch Wendeplättchen ersetzt werden. Auch der Münzwurf des Schiedsrichters zur Seitenwahl vor Beginn eines Fußballspiels wird heute in der Regel mit einer Wurfmarke mit verschieden farbigen Seiten ausgeführt.

Aufgabe 1:
Werft eine Münze 50-mal.
Legt eine Strichliste an und notiert nach jedem Wurf, ob Kopf oder Zahl gefallen ist.
Was stellt ihr fest?

Bei Aufgabe 2 wird die Unabhängigkeit der einzelnen Würfe beim Werfen einer Münze thematisiert.

> **Aufgabe 2:**
>
> Was meint ihr, was beim nächsten Wurf fällt? Begründet eure Antwort.

Bei Aufgabe 3, geht es darum, die Möglichkeiten des Fallens bestimmter Reihenfolgen zu vergleichen.

> **Aufgabe 3:**
>
> Du darfst dreimal hintereinander eine Münze werfen. Bei welcher Reihenfolge hast du größere Chancen?
> Zahl – Zahl – Zahl
> Zahl – Wappen – Zahl
> Du kannst probieren oder überlegen.

Fairer Würfel und andere geometrische Körper

Der Spielwürfel ist den Schülern als Zufallsgenerator aus vielen Gesellschaftsspielen bekannt, außerdem spielt er im Mathematikunterricht häufig von der ersten Klasse an eine Rolle (Würfeln von Rechenaufgaben, Untersuchungen am Würfel in der Geometrie). Deshalb ist es naheliegend, den Würfel auch für Untersuchungen zur Wahrscheinlichkeit heranzuziehen. Für Überlegungen zur Wahrscheinlichkeit besonders interessant sind die Unterschiede, die beim Würfeln mit einem Würfel und beim Würfeln mit zwei Würfeln eintreten. Beim Spiel mit einem Würfel ist die Wahrscheinlichkeit für jede mögliche Zahl gleich, beim Spiel mit zwei Würfeln dagegen sind die Wahrscheinlichkeiten für die verschiedenen Würfelsummen unterschiedlich.

Zufallsexperimente mit einem Würfel

Der Würfel ist ein symmetrischer Körper, bei dem keine Seite gegenüber einer anderen ausgezeichnet ist. Für Betrachtungen zur Wahrscheinlichkeit resultiert aus dieser Eigenschaft die Gleichwahrscheinlichkeit für das Eintreten der sechs Zahlen. Da viele Kinder die Vorstellung haben, dass bestimmte Zahlen beim Würfeln häufiger fallen als andere, sollten Einstiegsaufgaben mit der Untersuchung der Gleichwahrscheinlichkeit für das Eintreten der einzelnen Augenzahlen verbunden sein.

> **Aufgabe 1: „Gibt es Würfelzahlen die häufiger fallen als andere?“**
>
> Du kennst bestimmt die Regel des Spiels „Mensch ärgere Dich nicht!“, die sagt, dass man erst rausrücken darf, wenn man eine 6 würfelt. Ist es schwieriger eine 6 zu würfeln als eine der anderen Zahlen? Kreuze an.
> Ja ☐ Nein ☐
> Begründe deine Antwort.
>
> Würfle 50-mal. Lege eine Strichliste an, in der du nach jedem Wurf notierst, welche Zahl gefallen ist. Was stellst du fest?

> **Aufgabe 2: Vergleich von Spielregeln**
>
> Bei einem Spiel hast du die Möglichkeit, zwischen zwei Regeln zu entscheiden.
> Regel 1: Du gewinnst, wenn du eine Sechs würfelst.
> Regel 2: Du gewinnst, wenn du eine Zwei würfelst.
> Für welche Spielregel würdest du dich entscheiden? Begründe deine Antwort.
>
> Würfle 50-mal. Lege eine Strichliste an, in der du nach jedem Wurf notierst, welche Zahl gefallen ist. Was stellst du fest?

Bei der Bearbeitung der beiden Aufgaben sollten die Kinder im Sinne des empirisch-statistischen Zugangs die Möglichkeit haben, in einer Versuchsreihe (mindestens 50 Würfe) auszuprobieren und die Ergebnisse in einer Strichliste festzuhalten. Wenn man im Klassenverband die Würfelergebnisse verschiedener Schülergruppen zu einer größeren Stichprobe zusammenfasst, wird die Gleichwahrscheinlichkeit der einzelnen Augenzahlen in der Regel recht gut deutlich. Eine Niveausteigerung in den Aufgaben 3 und 4 besteht darin, dass die Anzahl der Elementarereignisse, die den Spielregeln zu Grunde gelegt sind, unterschiedlich ist.

Aufgabe 3:

Bei einem Spiel darf sich jeder für eine Regel entscheiden.
Regel 1: Du gewinnst bei einer geraden Zahl.
Regel 2: Du gewinnst bei 3 oder 5.
Für welche Spielregel würdest du dich entscheiden? Begründe deine Entscheidung.

Aufgabe 4:

Bei einem Spiel darf sich jeder für eine Regel entscheiden.
Regel 1: Du gewinnst bei 1 oder 6.
Regel 2: Du gewinnst bei 3, 4 oder 5.
Regel 3: Du gewinnst bei 2.
Begründe deine Entscheidung.

Die Eigenschaft des Würfels, dass es beim Würfeln immer genau sechs Elementarereignisse gibt, kann aus stochastischer Sicht sowohl als Vorteil als auch Nachteil gesehen werden. Der Vorteil besteht darin, dass ein Vergleich der günstigen Ergebnisse auch gleichzeitig ein Vergleich der Wahrscheinlichkeiten ist. Als Nachteil muss demzufolge gesehen werden, dass das Verhältnis zwischen günstigen und möglichen Ergebnissen bei den Überlegungen der Schüler nicht berücksichtigt werden muss. Durch das Einbeziehen weiterer geometrischer Körper können auch neue stochastische Aspekte angesprochen werden. Wir betrachten zunächst weitere Platonische Körper.

Aufgaben zu weiteren Platonischen Körpern

Als Platonische Körper werden die regelmäßigen Polyeder bezeichnet. Das sind alle konvexen Polyeder, bei denen alle Begrenzungsflächen regelmäßig und kongruent zueinander sind und an allen Ecken die gleiche Anzahl von Kanten zusammentreffen. Es gibt 5 Platonische Körper. Neben dem Würfel (Hexaeder) mit sechs Quadraten als Begrenzungsflächen sind dies das Tetraeder mit vier gleichseitigen Dreiecken als Begrenzungsflächen, das Oktaeder mit acht gleichseitigen Dreiecken als Begrenzungsflächen, das Dodekaeder mit zwölf regelmäßigen Fünfecken als Begrenzungsflächen sowie das Ikosaeder mit zwanzig gleichseitigen Dreiecken als Begrenzungsflächen.

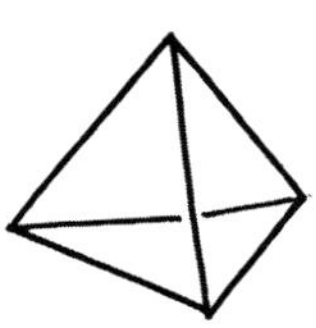
Tetraeder

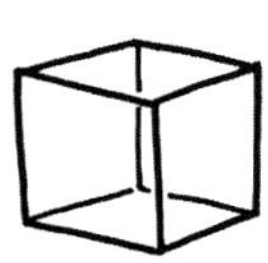
Würfel

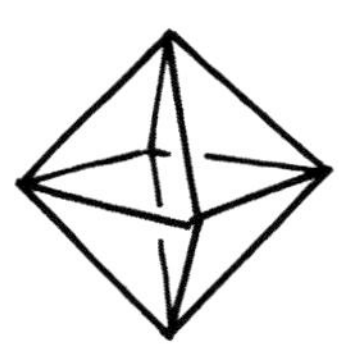
Oktaeder

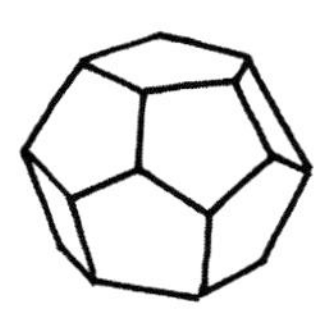
Dodekaeder

Ikosaeder

Im Vergleich zum Würfel mit einer Ergebnismenge von genau sechs Elementarereignissen können durch die Verwendung weiterer Platonischer Körper als Zufallsgeneratoren auch Aufgaben entwickelt werden, bei denen die Ergebnismenge unterschiedliche Anzahlen von Elementarereignissen haben. Platonische Körper stellen für Grundschüler in der Regel unbekannte Körper dar. Deshalb ist es notwendig, zunächst den geometrischen Aufbau (Anzahl kongruenter Begrenzungsflächen) zu klären. Daraus ergeben sich Möglichkeiten für die gemeinsame Behandlung von Inhalten zu Geometrie und Wahrscheinlichkeit. In den folgenden Ausführungen stehen die Betrachtungen zur Wahrscheinlichkeit im Vordergrund. Genau wie beim Würfel sollte als Einstieg der Frage nachgegangen werden, ob auch hier alle Zahlen mit der gleichen Wahrscheinlichkeit gewürfelt werden.

Exemplarisch soll eine Aufgabe zum Dodekaeder vorgestellt werden. Für den Einsatz in den Anfangsklassen ist das Begriffswort „Zwölferwürfel" für das Dodekaeder zu empfehlen (vgl. Breiter / Pfeil / Neubert 2009).

Aufgabe 1: Vergleich von Spielregeln

Wir wollen jetzt mit einem 12er Würfel spielen. Bei einem Spiel hast du die Möglichkeit, zwischen zwei Regeln zu entscheiden.

Regel 1: Du gewinnst, wenn du eine Fünf würfelst.

Regel 2: Du gewinnst, wenn du eine Zwölf würfelst.

Für welche Spielregel würdest du dich entscheiden? Begründe deine Antwort.

Würfle 50-mal. Lege eine Strichliste an, in der du nach jedem Wurf notierst, welche Zahl gefallen ist. Was stellst du fest?

Der Aufgabentyp zum Vergleich von Ereignissen mit unterschiedlich vielen Gewinnzahlen entspricht ebenfalls dem vom Würfel.

Aufgabe 2:

Wenn du eine Gewinnzahl würfelst, gewinnst du. Die Gewinnzahlen stehen unter den Abbildungen. Schau dir die 12er Würfel genau an. Bei welchem 12er Würfel ist deine Gewinnchance größer? Kreuze an.

2, 7

☐

1, 3, 6, 8, 11

☐

Begründe deine Entscheidung.

Aus der Einbeziehung verschiedener Platonischer Körper ergeben sich neue Möglichkeiten und Sichtweisen für Wahrscheinlichkeitsvergleiche. Die unterschiedliche Anzahl an Begrenzungsflächen und die damit verbundene unterschiedliche Anzahl von Elementarereignissen erfordert, den Blick auch auf das Verhältnis von günstigen und möglichen Ergebnissen zu richten.

An den folgenden Aufgaben sollen die Schüler erkennen, dass die Chancen für eine bestimmte Glückszahl steigen, je weniger Flächen der Platonische Körper besitzt. Zunächst werden zwei Platonische Körper verglichen. Überlegungen mithilfe der Bruchrechnung (Gewinnwahrscheinlichkeit $\frac{1}{6}$ bzw. $\frac{1}{12}$) spielen in der Grundschule noch keine Rolle und müssen hier auch nicht einbezogen werden.

Aufgabe 3:

Wenn du die Sechs würfelst, gewinnst du. Schau dir den 6er und den 12er Würfel genau an. Bei welchem Würfel ist deine Gewinnchance größer? Kreuze an.

☐ 6

☐ 6

Begründe deine Entscheidung.

In Aufgabe 4 wird der Vergleich auf eine systematische Betrachtung aller Platonischen Körper ausgebaut. Die Kinder sollen erkennen, dass die Chancen steigen, je weniger Begrenzungsflächen der Körper hat.

Aufgabe 4:

Bestimme deine Glückszahl.
Du darfst einen Platonischen Körper zum Würfeln wählen. Mit welchem Platonischen Körper ist die Chance für deine Glückszahl am größten? Begründe deine Antwort.

Für Vergleiche zwischen zwei Platonischen Körpern als Zufallsgeneratoren eignen sich vor allem Würfel und Dodekaeder. Da die Anzahl der Begrenzungsflächen beim Dodekaeder mit 12 doppelt so groß ist wie die beim Würfel, ist auch die Anzahl der möglichen Elementarereignisse doppelt so groß. Deshalb sind Aufgaben zum Vergleich von Gewinnchancen zwischen Würfel und Dodekaeder geeignet über Proportionalität nachzudenken. Die Vergleiche zwischen diesen beiden Körpern sind insofern noch relativ einfach, da die Anzahlen der Möglichkeiten sich im Verhältnis 1:2 verhalten. Trotzdem stellt das selbstständige Finden dieser Erkenntnis für Grundschüler häufig eine zu hohe Hürde dar (vgl. Abschnitt „Vorstellungen und Lösungsstrategien von Grundschülern“).

Aufgabe 5:

Wenn du eine Gewinnzahl würfelst, gewinnst du. Die Gewinnzahlen stehen unter den Abbildungen. Schau dir den 6er Würfel und den 12er Würfel genau an. Kreuze an.

☐ Mit dem 6er Würfel ist meine Gewinnchance größer.
☐ Bei beiden Würfeln ist meine Gewinnchance gleich.
☐ Mit dem 12er Würfel ist meine Gewinnchance größer.

1, 3, 5

1, 3, 4, 8, 9, 12

Begründe deine Entscheidung.

Aufgabe 6 dient vor allem dazu, den Umgang mit dem Begriff „sicher“ zu thematisieren.

Aufgabe 6:

Wenn du eine Gewinnzahl würfelst, gewinnst du. Schau dir den 12er Würfel an. Wie ist deine Gewinnchance? Kreuze an.

☐ Es ist sicher, dass ich gewinne.
☐ Es ist wahrscheinlich, dass ich gewinne.
☐ Es ist unwahrscheinlich, dass ich gewinne.
☐ Es ist unmöglich, dass ich gewinne.

1, 2, 3, 4, 5, 6, 7, 8, 9, 10, 11

Begründe deine Entscheidung.

Die Tatsache, dass 11 von 12 möglichen Zahlen Gewinnzahlen sind, wird in der Umgangssprache häufig als „sicher" bezeichnet, in der Terminologie der Wahrscheinlichkeit, ist dieses Ereignis als wahrscheinlich anzusehen.

Aufgaben unter Einbeziehung des Quaders

Den Quader lernen Grundschüler in der Regel schon im Anfangsunterricht als geometrischen Körper kennen. Das Interessante am Quader aus stochastischer Sicht ist, dass mit ihm aufgrund unterschiedlicher Größe der Begrenzungsflächen ein asymmetrischer Zufallsgenerator verknüpft ist. Allerdings ist die Wahrscheinlichkeit für das Fallen gegenüberliegender Flächen gleich. Dies kann für Aufgaben mit unterschiedlicher Zielsetzung genutzt werden. Für die Experimente sollten die Flächen des Quaders genauso mit Punkten versehen werden wie beim Spielwürfel (1 und 6, 2 und 5, 3 und 4 liegen gegenüber).

Bei der Bearbeitung von Aufgabe 1 sollen die Kinder die unterschiedliche Chance für einzelne Flächen mit unterschiedlich großem Flächeninhalt erkennen.

Aufgabe 1:

Bei einem Spiel darf jeder bei einer anderen Zahl rausrücken. Du hast die Wahl zwischen 1 und 2.
Für welche Zahl entscheidest du dich?
Begründe deine Entscheidung.

Die Entscheidung, ob 1 oder 2 günstiger ist, hängt davon ab, wie groß der Inhalt der Begrenzungsfläche für die jeweilige Zahl ist.

Bei der Bearbeitung von Aufgabe 2 sollen die Kinder erkennen, dass für gegenüberliegende Flächen (mit gleichem Flächeninhalt) die Gewinnwahrscheinlichkeit gleich ist.

Aufgabe 2:

Bei einem Spiel darf jeder bei einer anderen Zahl rausrücken. Du hast die Wahl zwischen 1 und 6.
Für welche Zahl entscheidest du dich?
Begründe deine Entscheidung.

Bei Aufgabe 3 erfolgt ein Vergleich zwischen Würfel und Quader.

Aufgabe 3:

Bestimme eine Zahl von 1 bis 6 als deine Glückszahl. Du hast zum Würfeln die Wahl zwischen Würfel und Quader.

Wofür entscheidest du dich?

Begründe deine Antwort.

Würfele nun 50-mal mit dem Würfel und 50-mal mit dem Quader und notiere, wie oft deine Glückszahl vorkam. Vergleiche mit deiner Entscheidung vor dem Würfeln.

Bei dieser Aufgabe ist ein doppelter Vergleich notwendig. Zunächst muss erkannt werden, dass bei beiden Körpern eine von sechs Zahlen ausgewählt wird. Am Würfel hat die Glückszahl die gleiche Gewinnwahrscheinlichkeit wie die anderen Zahlen. Beim Quader muss abgeschätzt werden, wie groß der Inhalt der Fläche der Glückszahl im Vergleich zu den anderen Flächen ist. Aus diesem Grund ist die Aufgabenstellung auf die empirische Überprüfung ausgerichtet.

Zufallsexperimente mit zwei (und mehr) Würfeln

Schwerpunkt bei Zufallsexperimenten mit zwei Würfeln ist das Herausarbeiten der Erkenntnis, dass die Wahrscheinlichkeit für das Eintreten verschiedener Würfelsummen unterschiedlich ist. Manchen Kindern fällt es schwer, den Unterschied zur Gleichwahrscheinlichkeit der Zahlen beim Würfeln mit einem Würfel einzusehen. Deshalb sollten sie zunächst auf empirisch-statistischem Wege selbstständig erkunden, bevor durch kombinatorische Überlegungen eine theoretische Begründung erfolgt.

Als Einstieg eignen sich Spiele wie das Wurmspiel (vgl. Neubert 2002), in dem sich die Kinder mit dem Phänomen des Würfelns mit zwei Würfeln auseinandersetzen können.

Aufgabe 1:

Es wird mit zwei Würfeln gewürfelt, die Augenzahlen der beiden Würfel werden addiert. Spieler 1 darf seine Spielfigur immer dann ein Feld vorrücken, wenn die Summe der beiden Würfel 6 ist, Spieler 2 bei der Summe 9.

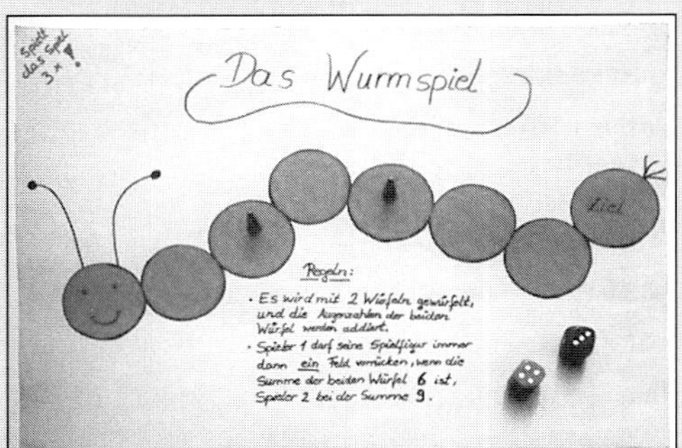

Spielt einige Runden. Wer gewinnt häufiger?

Nachdem die Kinder einige Runden gespielt haben, fragen sie in der Regel danach, warum man mit Summe 6 häufiger gewinnt als mit Summe 9. Eine Veränderung der Spielregeln kann die systematische Betrachtung der Möglichkeiten für die einzelnen Summen einleiten.

Aufgabe 2:

Für das Spiel gibt es noch drei andere Spielregeln:

Regel 1:
Spieler 1 darf seine Spielfigur immer dann ein Feld vorrücken, wenn die Summe der beiden Würfel 7 ist, Spieler 2 bei der Summe 3.

Regel 2:
Spieler 1 darf seine Spielfigur immer dann ein Feld vorrücken, wenn die Summe der beiden Würfel 12 ist, Spieler 2 bei der Summe 8.

Regel 3:
Spieler 1 darf seine Spielfigur immer dann ein Feld vorrücken, wenn die Summe der beiden Würfel 4 ist, Spieler 2 bei der Summe 10.

Bewertet die drei Spielregeln hinsichtlich der Gewinnchancen der beiden Spieler.
Welche Spielregel ist für Spieler 1 die günstigste, welche für Spieler 2?
Begründet eure Antwort.

Der Schwierigkeitsgrad dieser Aufgaben kann erhöht werden, wenn mehr als eine Augensumme als Gewinnzahl festgelegt wird.

Die Regel 4 bei Aufgabe 3 bezieht sich auf das unmögliche Ereignis der Summe 1. Wenn dieses Ziel nicht angestrebt wird, kann dieser Teil auch entfallen.

> **Aufgabe 3:**
>
> Es wird wieder mit 2 Würfeln gewürfelt.
> Die beiden Zahlen werden dann addiert. Die Summe (Ergebniszahl) entscheidet über das Gewinnen. Suche dir eine Regel aus, mit der du hier am leichtesten gewinnst. Kreuze an.
>
> Regel 1: ☐ Deine Ergebniszahl ist kleiner als 5.
> Regel 2: ☐ Deine Ergebniszahl ist größer als 10.
> Regel 3: ☐ Deine Ergebniszahl ist eine 2 oder eine 12.
> Regel 4: ☐ Deine Ergebniszahl ist eine 1.
>
> Begründe deine Entscheidung.

Aufgabe 4 fordert zum Formulieren einer eigenen Spielregel nach vorgegebenen Kriterien auf.

> **Aufgabe 4:**
>
> Es wird mit 2 Würfeln gewürfelt. Die beiden Zahlen werden dann addiert. Die Summe (Ergebniszahl) entscheidet über das Gewinnen.
>
> - Formuliere eine Spielregel, mit der du gute Chancen zum Gewinnen hast.
> - Formuliere eine Spielregel, bei der du die größten Gewinnchancen hast.
> - Formuliere eine Spielregel, bei der beide Spieler gleich große Gewinnchancen haben und es ein faires Spiel ist.
>
> Gibt es verschiedene Möglichkeiten?

Schließlich können die Kinder zu einer vollständigen Untersuchung aller Möglichkeiten zur Summenbildung beim Würfeln mit zwei Würfeln angeregt werden.

> **Aufgabe 5:**
>
> Welche Summen (Ergebnisse) sind beim Würfeln mit zwei Würfeln möglich? Schreibe alle auf. Wie viele Möglichkeiten gibt es für die einzelnen Zahlen?

Erfahrungsgemäß gibt es mitunter Schwierigkeiten zu verstehen, dass innerhalb der Summe die Reihenfolge der Summanden eine Rolle spielt. Beispielsweise sind 2 + 1 und 1 + 2 verschiedene Zerlegungen der Summe 3, was folglich bei der Bestimmung der Anzahlen möglicher Zerlegungen für diese Summe berücksichtigt werden muss (vgl. Problem des Chevalier de Méré, Kap. II, S. 26 ff.). Verschiedenfarbige Würfel können als Anschauungsmittel genutzt werden, um die notwendige Einsicht zu erreichen: Das Ereignis „2 auf dem roten Würfel und 1 auf dem blauen Würfel" ist ein anderes als „1 auf dem roten Würfel und 2 auf dem blauen Würfel". Auf diese Art kann auch geklärt werden, warum es für Summen aus zwei gleichen Summanden nur eine Möglichkeit gibt. Anstelle der Summen können auch die Produkte der beiden gewürfelten Zahlen gebildet werden. Außerdem ist es möglich, die Überlegungen auf drei Würfel oder andere Platonische Körper zu erweitern.

> **Aufgabe 6:**
>
> Es wird wieder mit 2 Würfeln gewürfelt.
> Die beiden Zahlen werden multipliziert.
> Das Produkt (Ergebniszahl) entscheidet über das Gewinnen. Suche dir die Ergebniszahl aus, mit der du die größeren Chancen hast.
> Kreuze an.
>
> a) Deine Ergebniszahl ist 12. ☐
> b) Deine Ergebniszahl ist 4. ☐
>
> Begründe deine Entscheidung.

Aufgabe 7:

Du würfelst 50-mal mit zwei Tetraedern und addierst die Zahlen. Die Flächen der Tetraeder sind jeweils von 1 bis 4 nummeriert. Notiere die Summe nach jedem Wurf. Überlege dann: Welche Summen können überhaupt vorkommen? Welche Möglichkeiten gibt es, die einzelnen Summen zu bilden?

Urne

Die Urne als Zufallsgenerator haben viele Kinder schon kennengelernt, beispielsweise bei der Ziehung der Lottozahlen oder an einer Losbude. Ein Vorteil, den die Urne als Zufallsgenerator gegenüber dem Würfel hat, ist der, dass durch unterschiedliche Anzahlen von Kugeln die Ergebnismenge nahezu beliebig variiert werden kann. Als Urne (im Sinne der Terminologie der Wahrscheinlichkeit) können im Unterricht verschiedene Behältnisse wie Schachteln, Kisten oder Beutel verwendet werden. Vor dem Experimentieren sollte geklärt werden, welches Begriffswort für diesen Zufallsgenerator gewählt wird. An Stelle des in der deutschen Sprache mehrdeutigen Begriffs „Urne" kann der Begriff des jeweiligen Behältnisses für die Formulierung der Aufgabenstellungen verwendet werden. Bei den Formulierungen der Beispielaufgaben wird ausschließlich der Begriff „Gefäß" verwendet. Die folgenden Aufgaben sind in drei Gruppen gegliedert:

- Aufgaben zum Vergleich zweier Urnen hinsichtlich der Gewinnchancen
- Aufgaben zum Vergleich der Gewinnwahrscheinlichkeit innerhalb einer Urne
- Entwicklung eigener Urnen-Aufgaben

Diese Reihenfolge wurde gewählt, da Untersuchungen gezeigt haben, dass es Kindern leichter fällt, zwei Urnen bezüglich der Gewinnchancen zu vergleichen, als die Gewinnchancen innerhalb einer Urne einzuschätzen.

Aufgaben zum Vergleich zweier Urnen hinsichtlich der Gewinnchancen

In den folgenden Aufgaben sollen die Gewinnchancen zweier Urnen beim einmaligen Ziehen verglichen werden. Die Urnen werden durch Gefäße repräsentiert, in welchen sich Gegenstände gleicher Form (in der Regel Kugeln oder Würfel) befinden. Diese Gegenstände werden zufällig gezogen. Unterschiedliche Schwierigkeitsgrade bei den Aufgaben erhält man, indem man die Mischungsverhältnisse der Gegenstände in den Urnen variiert. Die Beispielaufgaben sind nach zunehmendem Schwierigkeitsgrad geordnet. Die Formulierung der Aufgabenstellung ist auf einen Vergleich durch theoretische Überlegungen ausgerichtet. Durch eine Veränderung der Aufgabenstellung kann darüber hinaus zum empirischen Überprüfen aufgefordert werden. Dies wird exemplarisch bei Aufgabe 1 gezeigt.

Aufgabe 1:

Vergleich der Gewinnchancen bei zwei Zufallsgeneratoren mit gleicher Gesamtanzahl und unterschiedlicher Anzahl an Gewinnkugeln:

Aufgabe 1a:

Wenn du weiß ziehst, gewinnst du.
Aus welchem Gefäß würdest du ziehen?

Begründe deine Entscheidung.

Aufgabe 1b:

Du kannst zwischen zwei Gefäßen entscheiden.

Was vermutest du, bei welchem Gefäß deine Chance größer ist, eine weiße Kugel zu ziehen? Ziehe nun eine Kugel und notiere die Farbe. Lege danach die Kugel wieder in das Gefäß zurück. Ziehe insgesamt 50-mal und notiere die Farbe.

Stimmt das Ergebnis mit deiner Vermutung überein? Kannst du erklären?

Die Gewinnwahrscheinlichkeit P für die zweite Urne ist größer, da 3 von 6 Kugeln (P = 0,5) gewinnen, während bei der ersten Urne nur 2 von 6 Kugeln (P = 0,33) gewinnen. Bei dieser Aufgabe führt die Strategie des Vergleichs der günstigen Ergebnisse zu einem erfolgreichen Ergebnis.

Aufgabe 2:

Vergleich der Gewinnchancen bei zwei Zufallsgeneratoren mit unterschiedlicher Gesamtanzahl, gleicher Anzahl an Gewinnkugeln und unterschiedlicher Anzahl an Nieten:

Aufgabe 2:

Wenn du weiß ziehst, gewinnst du.
Aus welchem Gefäß würdest du ziehen?

Begründe deine Entscheidung.

Im Vergleich zur ersten Urnenaufgabe ist der Schwierigkeitsgrad bei dieser Aufgabe höher, da die Anzahl der Kugeln in beiden Urnen unterschiedlich groß ist und die Strategie des Vergleichs der günstigen Ergebnisse nicht zum Ziel führt.

Die Gewinnwahrscheinlichkeit für die zweite Urne ist größer, da 2 von 5 (P = 0,4) Kugeln gewinnen, während bei der ersten Urne 2 von 6 Kugeln (P = 0,33) gewinnen. Eine von Grundschülern zu erwartende Strategie ist die des Vergleichs der ungünstigen Ereignisse: Im ersten Gefäß gibt es 2 Gewinne und 4 Nieten, im zweiten Gefäß sind ebenfalls 2 Gewinne jedoch nur 3 Nieten vorhanden.

Aufgabe 3:

Vergleich der Gewinnchancen bei zwei Zufallsgeneratoren mit unterschiedlicher Gesamtanzahl, unterschiedlicher Anzahl an Gewinnkugeln und gleicher Anzahl an Nieten:

Aufgabe 3:

Wenn du weiß ziehst, gewinnst du.
Aus welchem Gefäß würdest du ziehen?

Begründe deine Entscheidung.

Die Gewinnwahrscheinlichkeit für die erste Urne ist größer, da 3 von 7 (P = 0,43) Kugeln gewinnen, während bei der zweiten Urne 2 von 6 Kugeln (P = 0,33) gewinnen. Auf Grund der gleichen Anzahl an Nieten kann bei dieser Aufgabe wieder die Strategie des Vergleichs der günstigen Ereignisse (3 bei

Gefäß 1 gegenüber 2 bei Gefäß 2) zum Ziel führen.

Aufgabe 4:
Vergleich der Gewinnchancen bei zwei Zufallsgeneratoren mit unterschiedlicher Gesamtanzahl, unterschiedlicher Anzahl an Gewinnkugeln und unterschiedlicher Anzahl an Nieten. Dabei ist jeweils eine Gewinnkugel mehr vorhanden als Nieten:

Aufgabe 4:

Wenn du weiß ziehst, gewinnst du.
Aus welchem Gefäß würdest du ziehen?

Begründe deine Entscheidung.

Die Gewinnwahrscheinlichkeit für die erste Urne ist größer, denn 2 von 3 günstigen Kugeln entsprechen einer Gewinnwahrscheinlichkeit P = 0,67 gegenüber einer Gewinnwahrscheinlichkeit P = 0,57 für die zweite Urne mit 4 von 7 günstigen Kugeln.

Aufgabe 5:
Vergleich der Gewinnchancen bei zwei Zufallsgeneratoren mit unterschiedlicher Gesamtanzahl, unterschiedlicher Anzahl an Gewinnkugeln und unterschiedlicher Anzahl an Nieten. Dabei sind jeweils gleich viele Gewinnkugeln und Nieten vorhanden:

Aufgabe 5:

Wenn du weiß ziehst, gewinnst du.
Kreuze den passenden Satz an.
Begründe deine Entscheidung.

Gefäß 1 **Gefäß 2**

☐ Bei Gefäß 1 ist meine Chance zu gewinnen größer.

☐ Bei beiden Gefäßen ist meine Chance zu gewinnen gleich.

☐ Bei Gefäß 2 ist meine Chance zu gewinnen größer.

Die Gewinnwahrscheinlichkeit beträgt für beide Urnen P = 0,5, da genau die Hälfte der Kugeln günstig sind. Allerdings zeigen Untersuchungen, dass es vielen Grundschülern genau wie bei Aufgabe 5 aus dem Abschnitt „Aufgaben zu weiteren Platonischen Körpern“ (vgl. S. 88 f.) schwerfällt, dies zu erkennen. Dies lässt darauf schließen, dass der Verhältnisaspekt der Bruchrechnung in diesem Alter noch wenig entwickelt ist.

Aufgabe 6:
Bei Aufgabe 6 muss die Entscheidung zwischen drei Farben getroffen werden:

> **Aufgabe 6:**
> Du ziehst mit deinen Freunden Kugeln aus einem Gefäß. Du gewinnst mit der Farbe grau. Schau dir beide Gefäße an.
> Bei welchem Gefäß ist deine Gewinnchance größer?
> Begründe deine Entscheidung.

Mit 4 von 8 günstigen Kugeln (P = 0,5) gegenüber 3 von 8 günstigen Kugeln (P = 0,375) ist Urne 1 die günstigere.

Aufgaben zum Vergleich der Gewinnwahrscheinlichkeit innerhalb einer Urne

> **Aufgabe 1:**
> In einem Gefäß sind 5 rote und 3 blaue Kugeln.
> Bei welcher Farbe hast du größere Chancen zu gewinnen?
> Begründe deine Entscheidung.

Mit 5 von 8 günstigen Kugeln (P = 0,625) gegenüber 3 von 8 günstigen Kugeln (P = 0,375) sind die Gewinnchancen für die Farbe Rot größer. Durch Erweiterung um eine oder mehrere Farben kann die Schwierigkeit dieses Aufgabentyps erweitert werden.

> **Aufgabe 2:**
> In einem Gefäß sind 5 rote, 2 grüne und 3 blaue Kugeln. Bei welcher Farbe hast du die größten Chancen zu gewinnen?
> Begründe deine Entscheidung.

> **Aufgabe 3:**
> In einem Gefäß sind 4 rote und 4 blaue Kugeln.
> Bei welcher Farbe hast du größere Chancen zu gewinnen? Begründe deine Entscheidung.

Es ist nicht als selbstverständlich anzusehen, dass die Kinder die gleiche Gewinnchance für beide Farben angeben. Aufgrund unterschiedlicher Primärintuitionen sind hier verschiedene Begründungen zu erwarten.

Entwicklung eigener Urnen-Aufgaben
Ein Aufgabentyp, der prinzipiell für alle Zufallsgeneratoren möglich ist, ist die Entwicklung eigener Urnen-Aufgaben nach bestimmten Vorgaben.

Aufgabe 1:
Vorgabe: zwei Urnen mit gleicher Anzahl an Kugeln, die nach Vorgabe gefärbt werden sollen:

> **Aufgabe 1:**
> Du ziehst mit deinem Freund Kugeln aus einem Gefäß. Du gewinnst, wenn du rot ziehst. Male die Kugeln so an, dass die Gewinnchance bei Gefäß A größer als bei Gefäß B ist. Verwende rot und blau als Farben.

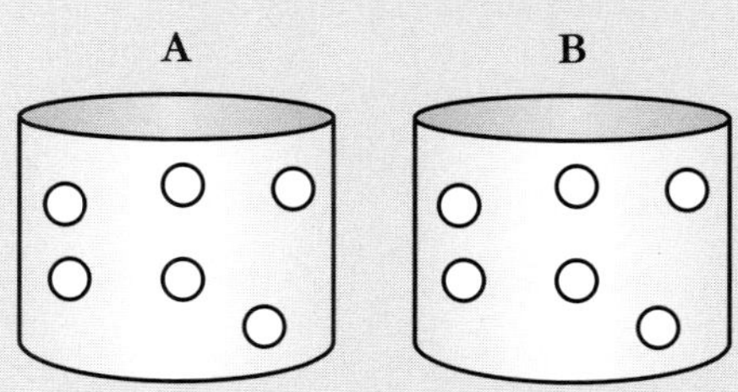

Aufgabe 2:
Bei einer Urne wird die Anzahl und ein bestimmtes Mischungsverhältnis vorgegeben, bei der zweiten ist nur die Anzahl vorgegeben. Das Mischungsverhältnis soll der ersten angepasst werden:

> **Aufgabe 2:**
>
> Du ziehst mit deinem Freund Kugeln aus einem Gefäß. Du ziehst aus Gefäß A, dein Freund aus Gefäß B. Du gewinnst, wenn du schwarz ziehst. Male die Kugeln von Gefäß B so an, dass die Gewinnchance deines Freundes genauso groß ist wie deine.

Bei den Aufgaben 3 und 4 geht es um die Gestaltung einer Urne nach entsprechenden Vorgaben.

> **Aufgabe 3:**
>
> Du sollst ein Gefäß für ein Spiel mit 8 Kugeln füllen. Du hast rote und blaue Kugeln. Wie musst du das Gefäß füllen, wenn die Chance für das Ziehen einer roten Kugel größer als die für das Ziehen einer blauen sein soll?

> **Aufgabe 4:**
>
> In einem Gefäß sind 7 rote Kugeln. Du sollst noch blaue dazutun. Die Chance für das Ziehen einer roten Kugel soll größer als die Chance für das Ziehen einer blauen sein. Welche Möglichkeiten hast du?

In den bisherigen Aufgaben ging es im Wesentlichen um das Vergleichen der Gewinnwahrscheinlichkeiten zweier Urnen. Die Aufgaben konnten in der Regel sowohl durch Experimentieren als auch theoretische Überlegungen gelöst werden. Ziel der abschließenden Aufgabe zur Urne ist es, aus dem Experimentieren Schlussfolgerungen über die Verteilung der Kugeln in der Urne zu ziehen.

Für diese Aufgabe ist die Verwendung undurchsichtiger Beutel als Gefäße zu empfehlen.

Aus den Ziehungsergebnissen und der entsprechenden Notation in der Tabelle soll nun geschlussfolgert werden, welches Gefäß zu welchem Buchstaben gehört. Dabei ist zu berücksichtigen, dass die Ziehungsergebnisse die Verteilung der Kugeln in den Urnen A bis D in der Regel nicht genau wiedergeben.

Aufgabe:

Füllt die Gefäße A bis D mit schwarzen und weißen Kugeln wie auf den Abbildungen.

A B C D

Dein Partner vertauscht die Gefäße, sodass du die Reihenfolge nicht mehr erkennst.
Nimm ein Gefäß und ziehe eine Kugel. Trage in die Tabelle ein, welche Kugel du gezogen hast.
Lege die Kugel wieder zurück und wiederhole den Vorgang, bis du 20-mal gezogen hast.
Wiederhole dies mit den anderen Gefäßen.

	Gefäß 1	Gefäß 2	Gefäß 3	Gefäß 4
●				
○				
A, B, C, D?				

Schau dir die Tabelle an. Überlege, welcher Buchstabe zu welchem Gefäß gehört und schreibe ihn in die letzte Zeile. Begründe deine Entscheidung.

Glücksrad und Glückskreisel

Auch Glücksräder und Glückskreisel sind den meisten Schülern bekannt. Glücksräder kennen sie von Jahrmärkten oder Schulfesten, während Glückskreisel eher in Spielen vorkommen. An Glücksrädern und Glückskreiseln lassen sich Wahrscheinlichkeiten sehr anschaulich zeigen. Außerdem können noch weitere Parameter beeinflusst werden als bei den vorangegangenen Zufallsgeneratoren. Man kann Größe und Anordnung der Kreissektoren unterschiedlich wählen, es sind Einteilungen in gleich große Sektoren sowie in verschieden große Felder möglich. Zudem können die Felder gefärbt bzw. beschriftet oder nummeriert werden. Aus den daraus resultierenden Gestaltungsmöglichkeiten ergeben sich Ansätze für Aufgaben unterschiedlichen Schwierigkeitsgrads und damit den Einsatz in allen Altersstufen.

Die Aufgabenstellungen zu Glücksrädern und Glückskreiseln sind prinzipiell gleich. An dieser Stelle werden entsprechende Aufgaben für das Glücksrad vorgestellt, die sich genauso auf den Glückskreisel anwenden lassen.

Die Aufgabengruppen entsprechen denen für die Urne:

- Aufgaben zum Vergleich zweier Glückräder hinsichtlich der Gewinnchancen
- Aufgaben zum Vergleich der Gewinnwahrscheinlichkeit innerhalb eines Glücksrads
- Entwicklung eigener Glücksrad-Aufgaben

Aufgaben zum Vergleich zweier Glückräder hinsichtlich der Gewinnchancen

Bei den Aufgaben 1 und 2 geht es darum, zwei unterschiedliche Glücksräder hinsichtlich der Gewinnchancen zu vergleichen. Das für einen Gewinn günstigere Rad soll mit einer Begründung für die Auswahl benannt werden. Auch wenn die Formulierung der Aufgabenstellung gleich ist, ergibt sich aus dem unterschiedlichen Aufbau der Glücksräder ein unterschiedlicher Schwierigkeitsgrad. Bei der Einstiegsaufgabe sollen die Gewinnchancen zweier Glücksräder mit gleich großen und gleich vielen Kreissektoren verglichen werden.

Aufgabe 1:
Du siehst hier zwei Glücksräder mit grauen Gewinnfeldern.
Bei welchem Rad sind die Gewinnchancen größer?
Warum?

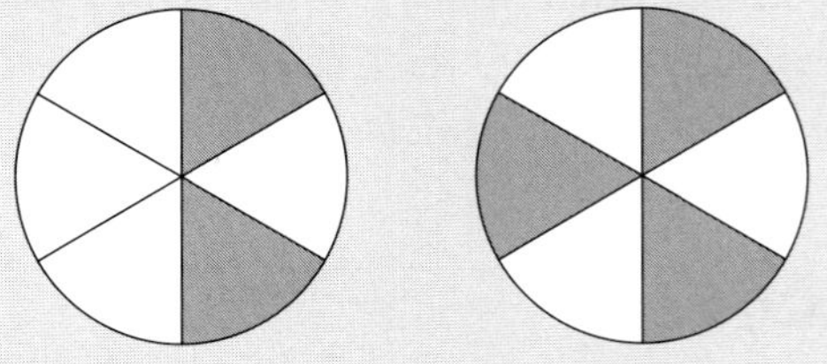

Mit diesem Aufgabentyp kommen in der Regel auch schon Erstklässler zurecht, da sie hier die Strategie des Vergleichs günstiger Ergebnisse anwenden können.

Für Aufgabe 2 wurden zwei Glücksräder mit jeweils gleich vielen Gewinnfeldern bei verschiedener Gesamtzahl der Felder gewählt.

Aufgabe 2:
Du siehst hier zwei Glücksräder mit grauen Gewinnfeldern.
Bei welchem Rad sind die Gewinnchancen größer?
Warum?

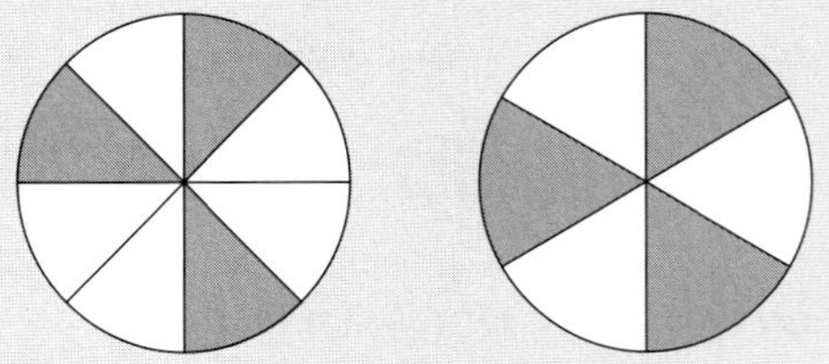

Das Anspruchsniveau der Aufgaben 3 und 4 ist durch die unterschiedliche Einteilung der Glücksräder und den unterschiedlichen Anteilen der farbigen Sektoren wesentlich höher als das der ersten beiden Aufgaben. Während bei den Aufgaben 1 und 2 jeweils ein Parameter der zu vergleichenden Glücksräder gleich ist (Aufgabe 1: Gleichheit der Gesamtanzahl der Felder, Aufgabe 2: Gleichheit der Anzahl der günstigen Felder), unterscheiden sich nun sowohl die Gesamtzahl der Felder als auch die der Gewinnfelder. Durch die doppelte Anzahl der Gesamtfelder des zweiten Glücksrads gegenüber dem ersten erscheint Aufgabe 3 etwas leichter, da hier Proportionalitätsbetrachtungen zum Ziel führen können.

Aufgabe 3:
Du siehst hier zwei Glücksräder mit grauen Gewinnfeldern.
Bei welchem Rad sind die Gewinnchancen größer?
Warum?

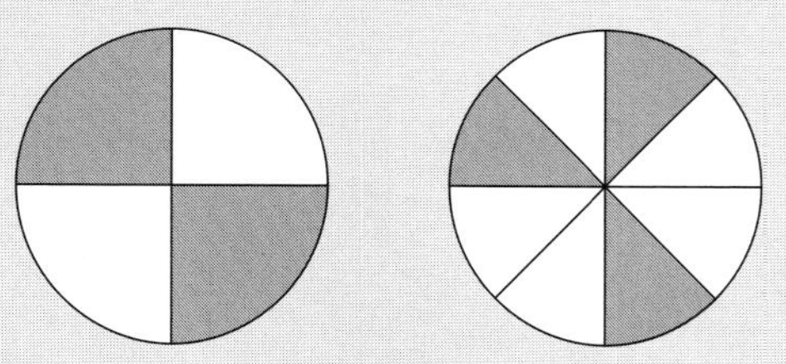

Bei Aufgabe 4 liegt weder bei den Gesamtanzahlen (8 und 18) noch bei den Anzahlen an günstigen Feldern (4 und 7) Proportionalität vor. Die Färbung der Felder wurde bewusst so gewählt, dass beim rechten Glücksrad mit 4 von 8 Feldern genau die Hälfte der Felder Gewinnfelder sind, während dies beim linken Rad mit 7 von 18 Feldern weniger als die Hälfte sind. Zusätzlich zur Färbung sind die Felder nummeriert. Dies kann eine Hilfe bei der Bestimmung der Anzahl der Felder sein. Man muss aber auch damit rechnen, dass die doppelte Kennzeichnung einige Kinder irritiert

Aufgabe 4:
Du siehst hier zwei Glücksräder mit grauen Gewinnfeldern.
Bei welchem Rad sind die Gewinnchancen größer?
Warum?

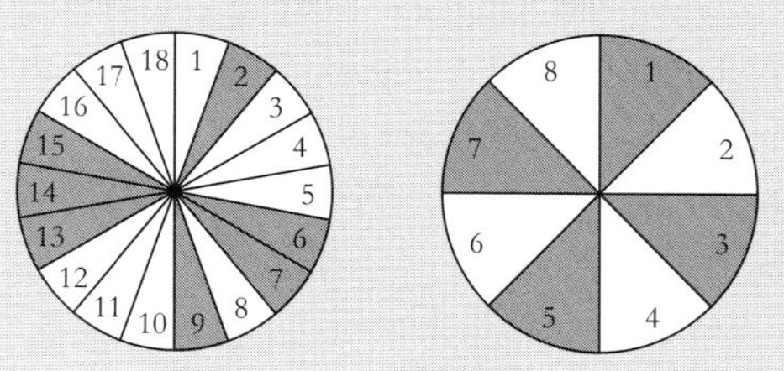

Bei Aufgabe 5 wurde als weiterer Parameter die Anordnung der verschiedenen farbigen Felder aufgenommen. Die Anzahl der jeweiligen Felder einer Farbe ist in beiden Glücksrädern gleich, ihre Anordnung ist aber verschieden.

Aufgabe 5:
Du gewinnst bei schwarz.
Welches Glücksrad wählst du?
Kreuze eine Antwort an und schreibe eine Begründung für deine Wahl.

Glücksrad 1: Glücksrad 2:

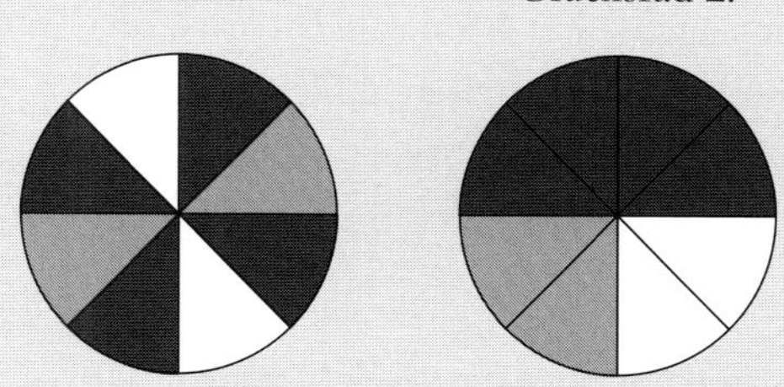

☐ Ich wähle Glücksrad 1, weil ...
☐ Ich wähle Glücksrad 2, weil ...
☐ Es ist egal, welches Glücksrad man wählt, weil ...
☐ Ich bin mir nicht sicher, weil ...

Auch wenn die Gewinnwahrscheinlichkeit für schwarz bei beiden Glücksrädern gleich groß

ist (vier von acht Feldern sind günstig), entscheiden sich Kinder (und auch Erwachsene) häufig für Glücksrad 1 oder 2 und nicht die dritte Antwortmöglichkeit „Es ist egal …“. Die Begründungen sind meist gegensätzlich. Die Entscheidung für Glücksrad 1 wird mit der besseren Chance begründet, weil die Felder auseinander liegen, die Entscheidung für Glücksrad 2 mit der besseren Chance, weil die Felder nebeneinander liegen.
Bei Aufgabe 6 sind die Sektoren der Glücksräder unterschiedlich groß. Es gibt jeweils ein günstiges Feld.

Aufgabe 6:
Du gewinnst bei schwarz. Für welches Glücksrad entscheidest du dich? Kreuze an.
Warum hast du dieses Glücksrad gewählt?

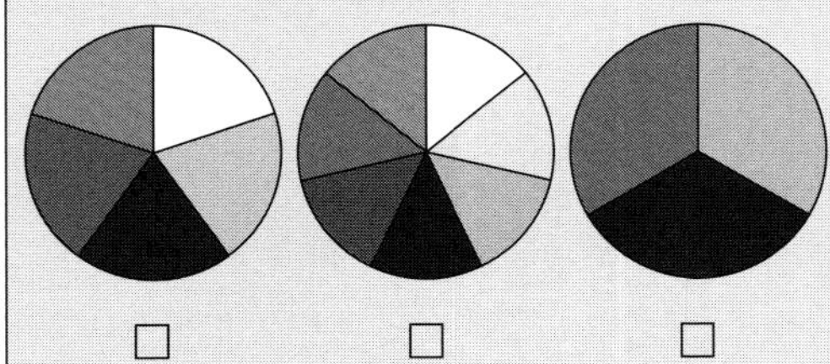

Eine geeignete Strategie für Grundschüler erscheint der Flächenvergleich zu sein. Der Vergleich, der den Anteilen entsprechenden Brüche $\frac{1}{5}$, $\frac{1}{7}$ und $\frac{1}{3}$ gelingt meist in der Primarstufe noch nicht.

Aufgaben zum Vergleich der Gewinnwahrscheinlichkeit innerhalb eines Glücksrads

Für den Einstieg in das Vergleichen der Gewinnchancen innerhalb eines Glücksrads ist eine Aufgabe mit zwei Farben, die in unterschiedlicher Anzahl von Feldern vorkommen, zu empfehlen.

Aufgabe 1:
An dem folgenden Glücksrad soll gedreht werden. Du kannst selbst wählen, bei welcher Farbe du gewinnst. Für welche Farbe entscheidest du dich?

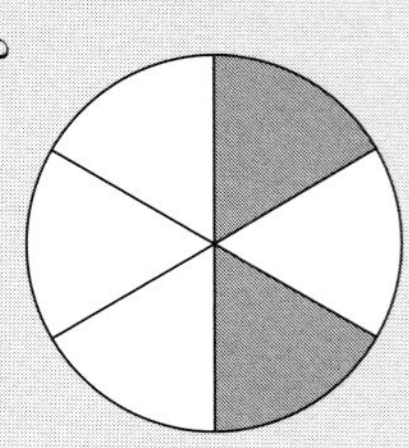

Bei Aufgabe 2 wurden mehr als zwei Farben verwendet.

Aufgabe 2:
An dem folgenden Glücksrad soll gedreht werden. Du kannst selbst wählen, bei welcher Farbe du gewinnst. Für welche Farbe entscheidest du dich?

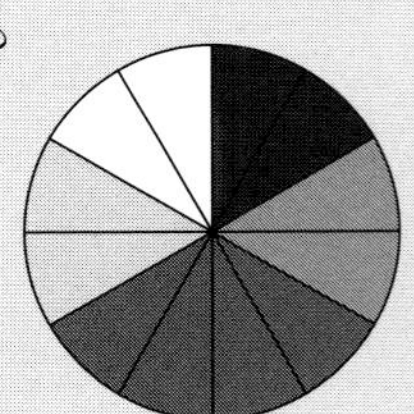

Bei Aufgabe 3 ist zwischen drei Farben zu entscheiden. Jede Farbe kommt genau einmal vor. Allerdings sind die Felder für die einzelnen Farben unterschiedlich groß.

Aufgabe 3:
An dem folgenden Glücksrad soll gedreht werden. Du kannst selbst wählen, bei welcher Farbe du gewinnst. Für welche Farbe entscheidest du dich?

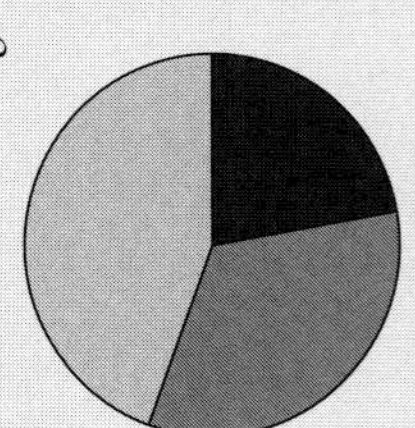

Bei Aufgabe 4 erfolgt die Festlegung der günstigen Felder durch Gewinnregeln. Außerdem muss beachtet werden, dass die Felder gefärbt und nummeriert sind und beide Parameter für die Formulierung der Regeln genutzt wurden.

Aufgabe 4:
Lies dir die Gewinnregeln für das Glücksrad auf den Karten durch.
Welche Regel würdest du wählen, um die größten Gewinnchancen zu haben?
Begründe deine Entscheidung.

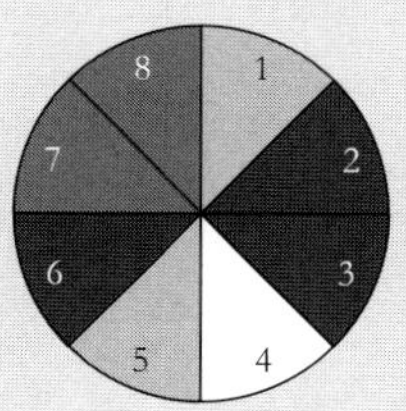

Regel 1: Du gewinnst bei 1, 2 oder 3.

Regel 2: Du gewinnst bei dunkelgrau.

Regel 3: Du gewinnst bei weiß oder hellgrau.

Regel 4: Du gewinnst bei 2, 4, 6 oder 8.

Auch bei Aufgabe 5 wird mit Gewinnregeln gearbeitet. Allerdings ist die Struktur der Aufgabe insgesamt wesentlich komplexer.

Die Teilaufgaben 1 und 2 fordern zur Verwendung der stochastischen Grundbegriffe des sicheren und unmöglichen Ereignisses auf. In der dritten Teilaufgabe sollen die Schüler Gewinnregeln nach ihren Gewinnchancen ordnen. Das Ordnen kennen sie in der Regel vom Ordnen von Zahlen und Größen. Nicht zu unterschätzen ist die Anforderung, sechs Gewinnregeln gleichzeitig beachten zu müssen. Ein weiterer Schwierigkeitsfaktor ergibt sich dadurch, dass für die Formulierung der Regeln mehrere Farben und zusätzlich auch Zahlen verwendet werden. Daher ist die Aufgabe sehr gut zur Differenzierung geeignet. Sie kann aber auch vereinfacht werden, indem

Aufgabe 5:
Lies die Gewinnregeln für das Glücksrad durch:

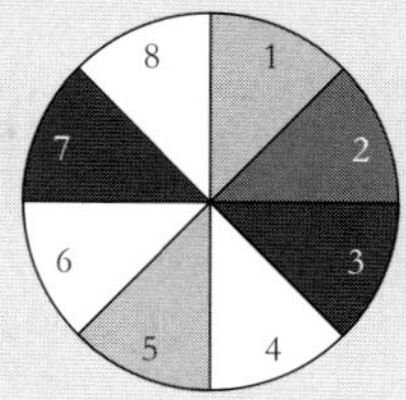

A Du gewinnst bei hellgrau.
B Du gewinnst bei weiß.
C Du gewinnst bei weiß, hellgrau oder schwarz.
D Du gewinnst bei weiß, hellgrau, schwarz oder dunkelgrau.
E Du gewinnst bei 10 oder dunkelgrau.
F Du gewinnst bei 10.

Aufgaben:
1) Gibt es eine Gewinnregel, bei der du auf jeden Fall gewinnst?
2) Gibt es eine Gewinnregel, bei der du auf keinen Fall gewinnst?
3) Ordne die Regeln nach Gewinnchancen. Beginne mit der Regel mit der größten Gewinnchance.

beispielsweise nur eine Farbe pro Regel zu berücksichtigen ist, sodass auch schwächere Schüler sie lösen können.

In der folgenden Aufgabe 6 geht es um eine qualitative Einschätzung von Gewinnchancen innerhalb eines Glücksrads unter Verwendung der Begriffe „sicher", „sehr wahrscheinlich", „wahrscheinlich", „unwahrscheinlich" und „unmöglich". Zur Unterstützung wird eine Wahrscheinlichkeitsskala vorgegeben.

Aufgabe 6:

Du gewinnst bei grau.

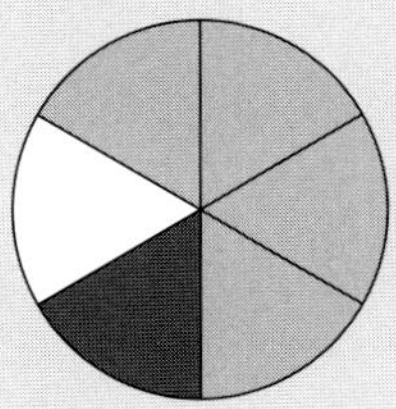

Wie schätzt du deine Gewinnchance ein? Kreuze auf der Linie die entsprechende Stelle an.

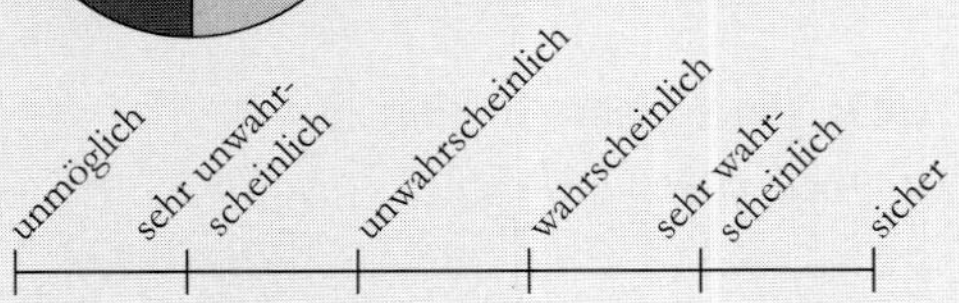

Entwicklung eigener Glücksrad-Aufgaben

Analog zur Urne können die Kinder auch durch entsprechende Aufgabenformate zur Gestaltung eigener Glücksräder angeregt werden. Eventuell hat das Färben von Kreissektoren auf die Schüler einen höheren Aufforderungscharakter als das Färben von Kugeln in einer Urne.

Aufgabe 1:

Färbe ein faires Glücksrad. Verwende dabei fünf Farben.
Begründe deine Färbung.

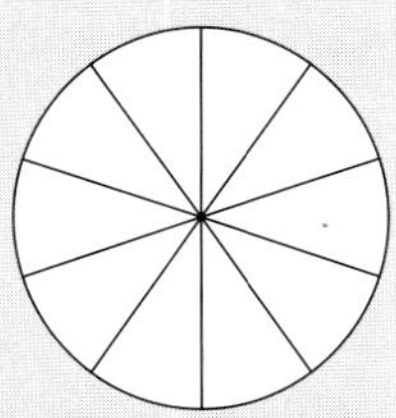

Aufgabe 2:

Färbe ein unfaires Glücksrad.
Begründe deine Färbung.

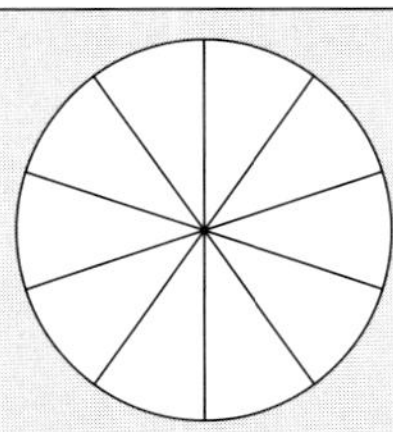

Bei diesen Aufgaben können die Schüler zeigen, wie sie sich ein faires und ein unfaires Glücksrad vorstellen. Bei der Auswertung ist interessant, ob die Kinder mit dem Begriff „fair" die Vorstellung einer Gleichverteilung und mit dem Begriff „unfair" die Vorstellung einer ungleichen Verteilung verbinden.

Aufgaben zum Vergleich zweier verschiedener Zufallsgeneratoren

Dieser Aufgabentyp wurde bereits beim Vergleich verschiedener Platonischer Körper (vor allem von Würfel und Dodekaeder) angesprochen. In den folgenden Beispielen werden nun Zufallsgeneratoren miteinander verglichen, die im äußeren Aufbau keine solchen Gemeinsamkeiten aufweisen, wie sie bei verschiedenen Platonischen Körpern vorhanden sind. Die Beispielaufgaben sind exemplarisch für den Vergleich von Urne und Würfel gewählt. Sie lassen sich entsprechend auf andere Zufallsgeneratoren übertragen. Die Schwierigkeitssteigerungen entsprechen aus mathematischer Sicht im Wesentlichen denen, die für die einzelnen Zufallsgeneratoren beschrieben wurden.

Gefäß oder Würfel?

Du hast ein Gefäß mit schwarzen und weißen Kugeln und einen Würfel mit den Zahlen 1, 2, 3, 4, 5 und 6. Entscheide dich bei den folgenden Aufgaben für das Gefäß oder den Würfel, um zu gewinnen.

Aufgabe 1:

In dem Gefäß sind 6 Kugeln, 4 schwarze und 2 weiße. Du gewinnst, wenn du schwarz ziehst. Bei dem Würfel gewinnst du, wenn du die Zahl 2 oder 4 würfelst. Wählst du das Gefäß oder den Würfel, um zu gewinnen? Begründe deine Entscheidung.

2, 4

Bei Aufgabe 1 gibt es für beide Zufallsgeneratoren 6 mögliche Ereignisse. Die Anzahl der vier günstigen Ereignisse für die Urne ist größer als die der zwei günstigen Ereignisse für den Würfel.

Aufgabe 2:

In dem Gefäß sind 6 Kugeln, 3 schwarze und 3 weiße. Du gewinnst, wenn du schwarz ziehst. Bei dem Würfel gewinnst du, wenn du die Zahl 1, 5 oder 6 würfelst. Wählst du das Gefäß oder denWürfel, um zu gewinnen? Begründe deine Entscheidung.

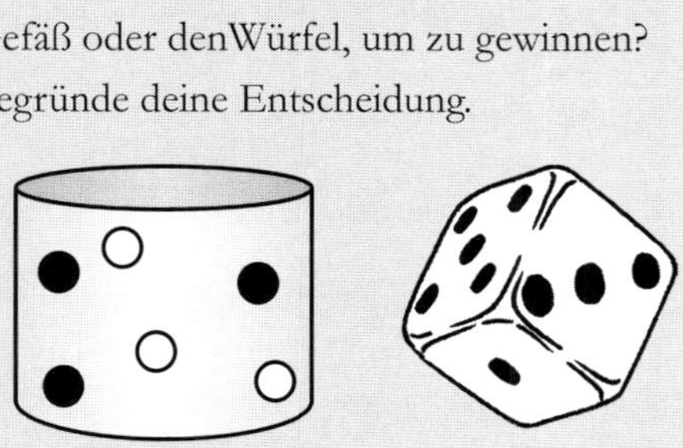

1, 5, 6

Bei Aufgabe 2 ist die Gewinnwahrscheinlichkeit für Urne und Würfel mit jeweils 3 von 6 günstigen Möglichkeiten gleich.

Aufgabe 3:

In dem Gefäß sind 12 Kugeln, 4 schwarze und 8 weiße. Du gewinnst, wenn du schwarz ziehst. Bei dem Würfel gewinnst du, wenn du die Zahl 3, 4 oder 6 würfelst. Wählst du das Gefäß oder den Würfel, um zu gewinnen? Begründe deine Entscheidung.

3, 4, 6

Bei Aufgabe 3 ist die Gewinnwahrscheinlichkeit für die Urne mit 4 von 12 günstigen Kugeln ($P = \frac{1}{3}$) geringer als mit 3 von 6 Gewinnzahlen beim Würfel ($P = \frac{1}{2}$). Allerdings ist die absolute Zahl günstiger Ereignisse für die Urne größer als die für den Würfel.

Aufgabe 4:

In dem Gefäß sind 12 Kugeln, 10 schwarze und 2 weiße. Du gewinnst, wenn du schwarz ziehst. Bei dem Würfel gewinnst du, wenn du die Zahl 1, 2, 3, 4 oder 5 würfelst. Wählst du das Gefäß oder den Würfel, um zu gewinnen? Begründe deine Entscheidung.

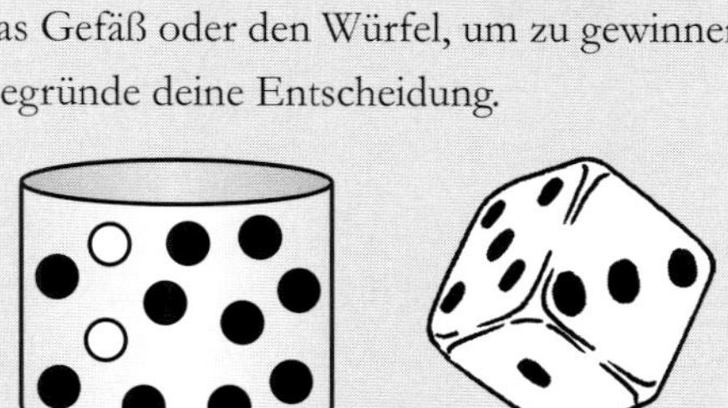

1, 2, 3, 4, 5

Bei Aufgabe 4 ist die Gewinnwahrscheinlichkeit für Urne und Würfel mit $P = \frac{5}{6}$ gleich. Da die Ergebnismengen und damit auch die günstigen Ergebnisse zwischen den Zufallsgeneratoren unterschiedlich sind, kann man die Gleichheit der Gewinnwahrscheinlichkeiten nur über Verhältnisbildung erkennen. In der Urne sind 12 Kugeln, von denen man mit 10 gewinnen kann, für den Würfel sind 5 von 6 Zahlen Gewinnzahlen. Durch die Anwendung der LAPLACE-Formel kommt man auf jeweils $P = \frac{5}{6}$. Für die Grundschule ist eine Zuordnung der Kugeln in der Urne zu den Zahlen des Würfels denkbar. Für zwei Kugeln steht eine Würfel-Zahl. Auf diese Weise lässt sich das Verhältnis von 5 günstigen zu insgesamt 6 Möglichkeiten bzw. von 10 günstigen zu insgesamt 12 Möglichkeiten veranschaulichen.

Aufgabe 5:

Im Gefäß sind 9 Kugeln, 8 schwarze und eine weiße. Du gewinnst, wenn du schwarz ziehst. Bei dem Würfel gewinnst du, wenn du die Zahl 1, 2, 3, 4, 5 oder 6 würfelst. Wählst du das Gefäß oder den Würfel, um zu gewinnen? Begründe deine Entscheidung.

1, 2, 3, 4, 5, 6

Bei Aufgabe 5 ist die absolute Anzahl günstiger Ergebnisse für die Urne größer als für den Würfel. Allerdings sind beim Würfel alle Zahlen Gewinnzahlen (sicheres Ereignis), sodass die Gewinnchance größer ist.

Aufgabe 6:

Beim Würfel gewinnst du, wenn du die Zahl 1, 2 oder 5 würfelst. Zeichne so viele schwarze und weiße Kugeln in das Gefäß, dass du für das Ziehen die gleiche Chance hast.

1, 2, 5

Bei Aufgabe 6 soll für die Urne die gleiche Gewinnwahrscheinlichkeit ($P = 0{,}5$) erreicht werden. Es müssen allerdings nicht unbedingt 3 schwarze und 3 weiße Kugeln sein, auch andere Konstellationen mit gleich vielen schwarzen und weißen Kugeln sind möglich.

Aufgabe 7:

Bilde selbst eine Aufgabe mit Gefäß und Würfel, sodass die Chance zu gewinnen bei beiden gleich ist. Erkläre die Aufgabe.

Aufgabe 7 ist vollkommen offen gestellt. Hier ist sicher interessant, wie die Kinder für ihre Entscheidungen argumentieren.

Vergleich von strukturgleichen Aufgaben zu verschiedenen Zufallsgeneratoren

Die letzte Gruppe von Beispielaufgaben hat einen anderen Charakter als die bisher vorgestellten. Zwei Aufgaben gehören immer zusammen. Sie haben die gleiche mathematische Struktur, sind aber für unterschiedliche Zufallsgeneratoren konzipiert. Für die folgenden Beispiele wurden exemplarisch Urne und Glücksrad gewählt. Inhaltlich orientieren sich die Aufgaben an Aufgabenformaten, die schon für die beiden Zufallsgeneratoren vorgestellt wurden: Vergleich zweier Zufallsgeneratoren, Vergleich innerhalb eines Zufallsgenerators, Einschätzen von Gewinnchancen zu vorgegebenen Gewinnregeln.

Als Transferleistung sollen die Kinder diesen Zusammenhang erkennen. Hier zeigt sich, ob die Kinder schon über entsprechende Modellierungskompetenzen verfügen.
Für den Einsatz im Unterricht erscheinen zwei Varianten möglich. Bei der ersten Variante werden zunächst ausschließlich Aufgaben zu einem Zufallsgenerator gelöst und mit zeitlichem Abstand die entsprechenden Aufgaben zum zweiten. Danach erfolgt eine Reflexionsphase zum Vergleich. Bei der zweiten Variante werden die Kinder parallel mit den strukturgleichen Aufgaben zu beiden Zufallsgeneratoren konfrontiert. Ziel ist es, dass sie die Gemeinsamkeiten der Aufgaben beim Lösen erkennen.

Aufgabe 1: Glücksrad

Du drehst mit deinen Freunden am Glücksrad.
Du gewinnst bei schwarz.
Schau dir beide Glücksräder an.
An welchem Glücksrad ist deine Gewinnchance größer? Begründe deine Antwort.

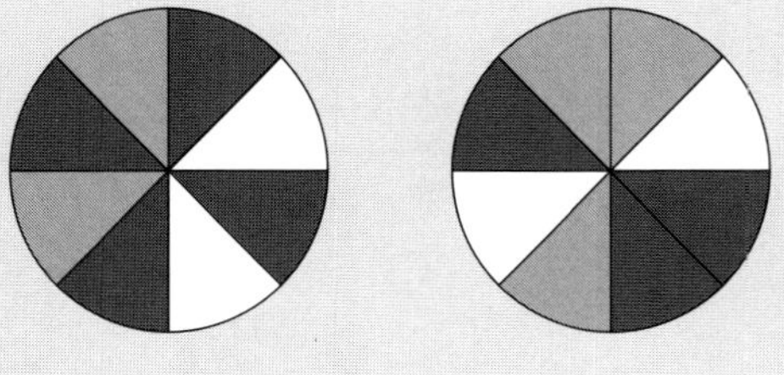

Aufgabe 1: Gefäß

Du ziehst mit deinen Freunden Kugeln aus dem Gefäß. Du gewinnst, wenn du eine schwarze Kugel ziehst.
Schau dir beide Gefäße an.
Bei welchem Gefäß ist deine Gewinnchance größer? Begründe deine Antwort.

Aufgabe 2: Glücksrad

Du drehst mit deinen Freunden am Glücksrad. Schau dir das Glücksrad an. Du darfst dir deine Gewinnfarbe selbst aussuchen. Wähle die Farbe, mit der du die größte Gewinnchance hast. Begründe deine Wahl.

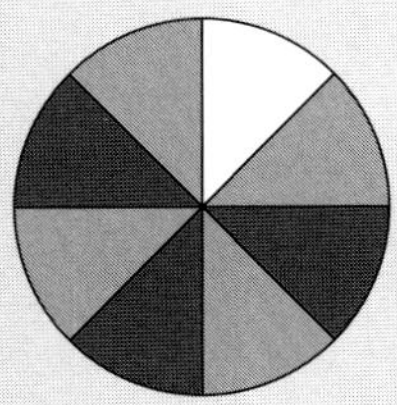

Aufgabe 2: Gefäß

Du ziehst mit deinen Freunden Kugeln aus dem Gefäß. Schau dir das Gefäß an. Du darfst dir deine Gewinnfarbe selbst aussuchen. Wähle die Farbe, mit der du die größte Gewinnchance hast. Begründe deine Wahl.

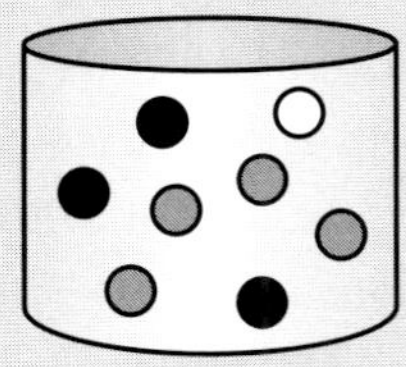

Aufgabe 3: Glücksrad

Du drehst mit deinen Freunden am Glücksrad. Schau dir das Glücksrad an. Du hast außerdem Karten, auf denen verschiedene Gewinnregeln stehen. Suche eine Karte aus, mit der

a) es möglich ist, dass du gewinnst.
b) es sicher ist, dass du gewinnst.
c) es unmöglich ist, dass du gewinnst.

Begründe deine Antworten.

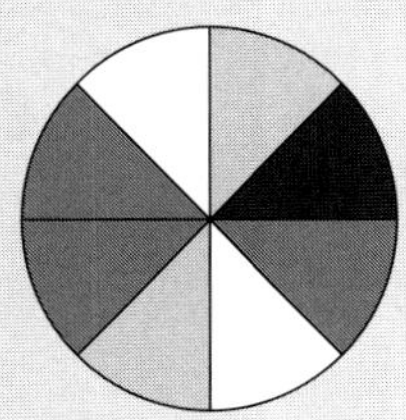

1	2	3	4	5
Du gewinnst bei weiß.	Du gewinnst bei dunkelgrau oder weiß.	Du gewinnst bei orange.	Du gewinnst bei dunkelgrau.	Du gewinnst bei dunkelgrau, hellgrau, weiß oder schwarz.

Aufgabe 3: Gefäß

Du ziehst mit deinen Freunden Kugeln aus dem Gefäß. Schau dir das Gefäß an. Du hast außerdem Karten, auf denen verschiedene Gewinnregeln stehen.

Suche eine Karte aus, mit der

a) es möglich ist, dass du gewinnst.
b) es sicher ist, dass du gewinnst.
c) es unmöglich ist, dass du gewinnst.

Begründe deine Antworten.

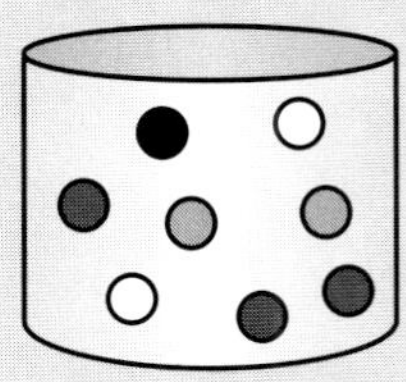

1	2	3	4	5
Du gewinnst bei weiß.	Du gewinnst bei dunkelgrau oder weiß.	Du gewinnst bei orange.	Du gewinnst bei dunkelgrau.	Du gewinnst bei dunkelgrau, hellgrau, weiß oder schwarz.

Vorstellungen und Lösungsstrategien von Grundschülern

Wie gehen wohl Grundschüler mit den vorgestellten Aufgaben um? Diese Frage wird sich mancher Leser gestellt haben. Es würde den Rahmen dieses Buches sprengen, ausführlich über alle Erkenntnisse zu berichten, die bei der Behandlung von Wahrscheinlichkeit in der Grundschule gewonnen wurden. Bei einigen Aufgaben wurden diesbezüglich bereits Hinweise gegeben. Wesentliche Erkenntnisse werden im Folgenden komprimiert dargestellt. Empirische Untersuchungen, aber auch Beobachtungen im Alltag zeigen, dass Kinder schon Vorstellungen von Wahrscheinlichkeit mit in den Unterricht bringen. So sind sie vom Schulanfang an (vielleicht auch schon früher) in der Lage, zufällige Ereignisse zu beobachten und als solche zu erkennen. Es zeigt sich, dass gewisse Begriffsbildungen und Verhaltensweisen entwicklungsbedingt (vom Lebensalter abhängig) sind, andererseits aber auch falsche Vorstellungen sich bis ins hohe Lebensalter halten können.

Welche (Fehl-)Vorstellungen sind nun für Grundschulkinder typisch?

Einschätzungen über das Eintreffen bestimmter Ereignisse sind bei Grundschulkindern oft sehr emotional geprägt. Nicht wenige Kinder sind beispielsweise der Meinung, dass Daumendrücken hilft, um eine „Sechs" zu würfeln bzw. verbinden den Ausgang dieses Zufallsexperiments mit Wirkungen äußerer Kräfte. In diesem Zusammenhang wird auch von animistischen Vorstellungen gesprochen (vgl. Wollring 1994)

Immer wieder anzutreffen ist die Auffassung, dass gleich wahrscheinliche Ereignisse nicht als solche angenommen werden. Das wohl typischste Beispiel hierfür ist die Annahme, dass beim Würfeln eine „Sechs" seltener vorkommt als andere Zahlen. Umgekehrt kommt es vor, dass nicht gleich wahrscheinliche Ereignisse als gleich wahrscheinlich angenommen werden. Diese Auffassung kann man häufig beim Übergang vom Würfeln mit einem Würfel zum Würfeln mit zwei Würfeln beobachten. Nachdem Kinder die Einsicht gewonnen haben, dass beim Würfeln mit einem Würfel das Eintreffen aller sechs Zahlen gleich wahrscheinlich ist, wird diese Erkenntnis zunächst auf die möglichen Summen 2 bis 12, die beim Würfeln mit zwei Würfeln auftreten können, übertragen.

Die Annahme, dass unabhängige Ereignisse voneinander abhängig sind, ist besonders bei der Durchführung von längeren Versuchsreihen zu beobachten. So wird beim Werfen einer Münze, der Seite, die längere Zeit nicht gefallen ist, bei der Voraussage für den nächsten Wurf eine höhere Wahrscheinlichkeit zugeordnet als der anderen. Genauso gibt es die Vorstellung, dass sich beim Würfeln die Wahrscheinlichkeit für eine „Sechs" erhöht, wenn lange keine Sechs gewürfelt wurde.

Weitere typische Fehlvorstellungen ergeben sich aus Farbpräferenzen (Lieblingsfarbe) und Zahlenpräferenzen (Lieblingszahl). Auch die Vorliebe für bestimmte Zufallsgeneratoren („Ich drehe lieber am Glücksrad") und der Bezug zu persönlichen Erfahrungen mit bestimmten Zufallsgeneratoren können Einfluss auf das Einschätzen von Wahrscheinlichkeiten haben. Wenn in die Aufgabenformate Bilder eingebunden werden, wird mitunter einer abgebildeten Gewinnzahl eine höhere Wahrscheinlichkeit zugeordnet als anderen möglichen.

Zwei gegensätzliche Fehlvorstellungen sind typisch für die folgende Aufgabe, die bei den Beispielen zum Glücksrad vorgestellt wurde. (vgl. S. 99).

Aufgabe 5:

Du gewinnst bei schwarz.

Welches Glücksrad wählst du?

Kreuze eine Antwort an und schreibe eine Begründung für deine Wahl.

Glücksrad 1: Glücksrad 2:

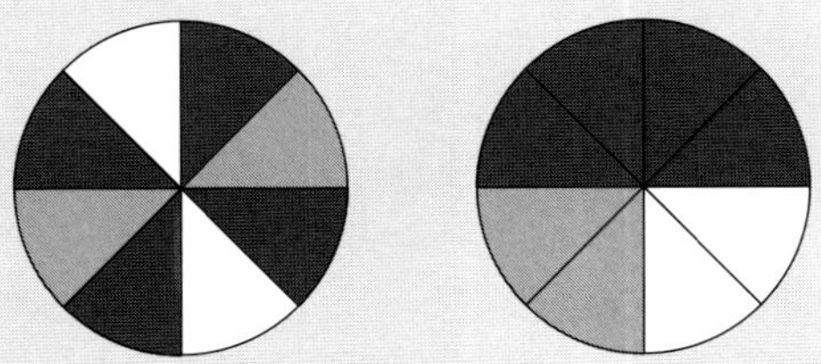

☐ Ich wähle Glücksrad 1, weil ...

☐ Ich wähle Glücksrad 2, weil ...

☐ Es ist egal, welches Glücksrad man wählt, weil ...

☐ Ich bin mir nicht sicher, weil ...

Hier wird neben der richtigen Antwort „Es ist egal, welches Glücksrad man wählt" sowohl Glücksrad 1 als auch Glücksrad 2 angekreuzt. Diejenigen, die sich für Glücksrad 1 entscheiden, begründen ihre Wahl damit, dass man durch die gleichmäßige Verteilung der Felder bessere Chancen hat. Diejenigen, die sich für das Glücksrad 2 entscheiden, nennen als Begründung, dass durch das Zusammenliegen der Felder die Chancen größer sind.

Lösungsstrategien von Grundschülern

Mehrfach wurde angesprochen, dass in der Grundschule die Anwendung der LAPLACE-Formel beim Lösen von Aufgaben zum Berechnen bzw. Vergleichen von Wahrscheinlichkeiten in der Regel nur für Spezialfälle möglich ist. Die Schüler müssen deshalb auf andere Strategien zurückgreifen. Verschiedene Untersuchungen zeigen, dass der Lösungserfolg mit diesen Strategien in Abhängigkeit vom Kontext der jeweiligen Aufgabe unterschiedlich ist.

Beim Vergleich der Gewinnchancen von zwei Zufallsgeneratoren orientieren sich vor allem jüngere Schulkinder sehr stark an den günstigen Möglichkeiten (ungünstige werden vernachlässigt). Das Lösen von Aufgaben, das durch einen Vergleich der günstigen Ergebnisse erfolgen kann, gelingt auch den meisten Erstklässlern. Dies betrifft die meisten Aufgaben zum Würfel, aber auch die jeweilige Aufgabe 1 zum Vergleich zweier Urnen bzw. zweier Glücksräder.

Wenn neben den günstigen auch die ungünstigen Ergebnisse beachtet werden müssen, fällt dies wesentlich schwerer. Typisch dafür ist Aufgabe 4, S. 94 zum Vergleichen zweier Urnen, bei der zwischen einer Urne mit 2 von 3 günstigen Möglichkeiten und einer mit 4 von 7 günstigen Möglichkeiten entschieden werden musste. Schüler, die beim Lösen dieser Aufgabe beobachtet wurden, entschieden sich für die Urne mit der größeren Anzahl an Gewinnereignissen, auch wenn die Gewinnwahrscheinlichkeit aufgrund der größeren Zahl ungünstiger Ergebnisse geringer war. Ist die Anzahl günstiger Ergebnisse gleich (Aufgabe 2, S. 93), so wurde die Urne ausgewählt, die eine geringere Anzahl an ungünstigen Ergebnissen hatte.

Das Verständnis für Relationen ist bei den meisten Kindern nur in Ansätzen vorhanden. Dies ändert sich mit zunehmendem Alter (noch in der Grundschulzeit). Allerdings dient die Berechnung des Quotienten zwischen günstigen und ungünstigen Ergebnissen nur bei wenigen Kindern als Entscheidungshilfe für den Vergleich.

Besondere Schwierigkeiten bereiten Aufgaben, die die beiden folgenden Merkmale vereinen:

- Bei beiden Zufallsgeneratoren sind die Gewinnchancen gleich (gleiches Verhältnis von günstigen und ungünstigen Möglichkeiten bei beiden Zufallsgeneratoren).
- Die absolute Anzahl der günstigen bzw. ungünstigen Möglichkeiten ist unterschiedlich.

  Zum besseren Verständnis sind die entsprechenden Beispiele der Aufgabensammlung nochmals eingefügt.

Aufgabe 1:

Wenn du weiß ziehst, gewinnst du.
Kreuze den passenden Satz an.
Begründe deine Entscheidung.

Gefäß 1 **Gefäß 2**

☐ Bei Gefäß 1 ist meine Chance zu gewinnen größer.

☐ Bei beiden Gefäßen ist meine Chance zu gewinnen gleich.

☐ Bei Gefäß 2 ist meine Chance zu gewinnen größer.

Aufgabe 2:

Wenn du eine Gewinnzahl würfelst, gewinnst du. Die Gewinnzahlen stehen unter den Abbildungen.
Schau dir den 6er Würfel und den 12er Würfel genau an.
Kreuze an.

☐ Mit dem 6er Würfel ist meine Gewinnchance größer.

☐ Bei beiden Würfeln ist meine Gewinnchance gleich.

☐ Mit dem 12er Würfel ist meine Gewinnchance größer.

1, 3, 5 1, 3, 4, 8, 9, 12

Begründe deine Entscheidung.

Aufgabe 3:

In dem Gefäß sind 12 Kugeln, 10 schwarze und 2 weiße. Du gewinnst, wenn du schwarz ziehst. Bei dem Würfel gewinnst du, wenn du die Zahl 1, 2, 3, 4 oder 5 würfelst.
Wählst du das Gefäß oder den Würfel, um zu gewinnen?
Begründe deine Entscheidung.

1, 2, 3, 4, 5

In empirischen Untersuchungen gab es zu diesem Aufgabentyp deutlich weniger richtige Ergebnisse als bei anderen Aufgaben.

Verwendung von Begriffen

Begriffe werden nicht (nur) im Sinne der Wahrscheinlichkeitsrechnung verwendet, sondern auch im Sinne der Umgangssprache. Das Verständnis von den (stochastischen) Begriffen „sicher“, „wahrscheinlich“ und „unmöglich“ wird häufig mit deren Verwendung in der Umgangssprache überlagert. Dies betrifft besonders den Begriff „sicher“, der in der Umgangssprache auch schon für Ereignisse mit einer hohen Wahrscheinlichkeit, die aber kleiner als 1 ist, verwendet wird. Als Beispiel dafür kann die Aufgabe 6 zum Vergleich der Gewinnwahrscheinlichkeit innerhalb eines Glücksrads auf Seite 102 nochmals betrachtet werden.

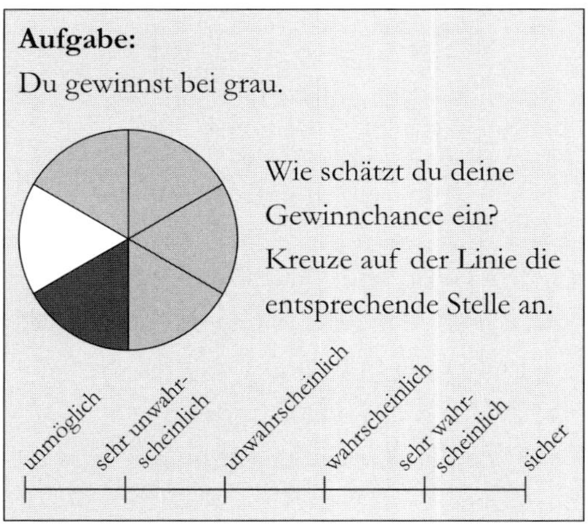

Viele Kinder entschieden sich beim Einschätzen der Gewinnchance für die Kategorie „sicher“.

Mithilfe dieser Schülervorstellung lässt sich vermutlich auch die Lösung zur folgenden Aufgabe interpretieren.

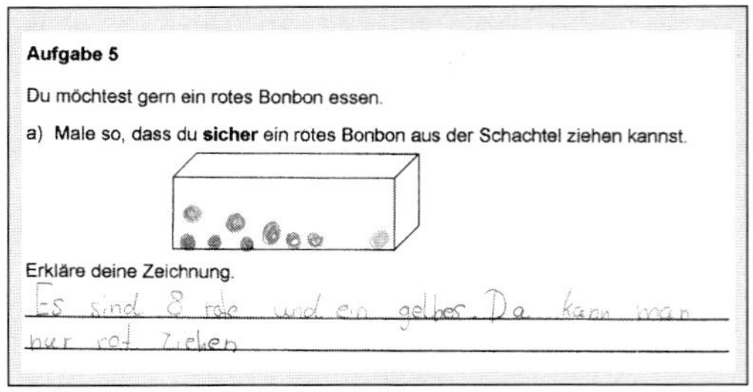

Vernetzung mit anderen Leitideen – Entwicklung allgemeiner Kompetenzen

Die bisherigen Ausführungen erfolgten unter dem besonderen Fokus der Leitidee „Daten und Häufigkeit“, sozusagen mit den Augen der Wahrscheinlichkeit. An verschiedenen Stellen wurde darauf verwiesen, dass die Leitidee auch Potenzial zur Vernetzung mit anderen Leitideen und der Entwicklung allgemeiner Kompetenzen besitzt. Einige dieser Möglichkeiten werden zum Abschluss dieses Kapitels dargestellt.

Verbindung von Statistik und Wahrscheinlichkeit

Damit die Spezifität der jeweiligen Inhalte besser zum Ausdruck kommt, erfolgten die Ausführungen zu Statistik (Daten und Häufigkeit) und Wahrscheinlichkeit bisher weitgehend getrennt. Für den Unterricht sollte aber auch nach Möglichkeiten der gemeinsamen Behandlung von Statistik und Wahrscheinlichkeit gesucht werden.

Gut möglich ist das beim empirisch-statistischen Zugang zur Wahrscheinlichkeit. Die Erfassung der Ergebnisse beim Experimentieren mit Zufallsgeneratoren erfordert den Umgang mit statistischen Prozeduren (z. B. Strichlisten).

Umgekehrt können erfasste Daten genutzt

werden, um Aussagen über die Wahrscheinlichkeit des Eintretens bestimmter Ereignisse zu machen. Die folgenden drei Beispiele sollen dies exemplarisch herausstellen:

- Bei der Aufgabe zum Zufallsgenerator Urne auf S. 97 sollen die Schüler aus den in Strichlisten erfassten Ergebnissen, beim Ziehen aus verschiedenen Gefäßen, Vermutungen über die Verteilungen der Kugeln anstellen.
- Bei Hochrechnungen werden aus einer mit statistischen Mitteln erfassten Stichprobe an Daten durch die Hochrechnung Schlussfolgerungen für eine größere Grundgesamtheit gezogen. (vgl. Kap. 3, S. 67ff.)
- Ein interessantes Beispiel findet man bei Petra Burggraf (1998). Gesammelte Daten wurden dazu genutzt, um Aussagen über zufällige Ereignisse anzustellen, die erst in der Zukunft eintreten können. Die Kinder ihrer Klasse erfassten in Strichlisten und Diagrammen Pausenunfälle auf dem Schulhof. Mithilfe der gesammelten Daten stellten sie Vermutungen über das zukünftige Geschehen an. Unter anderem wurde über die Frage „Wo ist es am wahrscheinlichsten, dass man stürzt?" nachgedacht.

Vernetzung mit anderen Leitideen

Wahrscheinlichkeit nicht als eigenständiges Stoffgebiet in der Primarstufe zu behandeln, verlangt zwangsläufig die Vernetzung mit anderen inhaltsbezogenen Leitideen. Exemplarisch werden Möglichkeiten der Verbindung mit den Leitideen „Zahlen und Operationen" und „Raum und Form" betrachtet.

Schon früh wird der Würfel als Arbeitsmittel zum Rechnen verwendet. Da liegt es nahe, den Würfel auch als Zufallsgenerator zu nutzen. Die Analyse der unterschiedlichen Möglichkeiten für einzelne Summen beim „Würfeln mit zwei Würfeln" ist gleichzeitig eine Übung zur Zerlegung von Zahlen und Anwendung der Kommutativität der Addition. Außerdem ist es ein Beispiel für die Kompetenz „einfache kombinatorische Aufgaben (z. B. Knobelaufgaben) durch Probieren bzw. systematisches Vorgehen lösen". Eine weitere Kompetenz der Leitidee „Zahlen und Operationen" lautet „in Kontexten rechnen". Zu diesen Kontexten können auch solche mit Inhalten zur Wahrscheinlichkeit bzw. zu Sachproblemen, die Überlegungen zur Wahrscheinlichkeit erfordern, gehören (vgl. dazu auch Löhr 2009). Franke / Ruwisch (2010, S. 51 f.) charakterisieren bei der Kategorisierung von Sachaufgaben nach ihrem mathematischen Inhalt auch „Sachaufgaben mit stochastischem Inhalt".

Verbindungen zur Leitidee „Raum und Form" ergeben sich besonders daraus, dass einige Zufallsgeneratoren deutlich erkennbare geometrische Eigenschaften besitzen. Das betrifft vor allem geometrische Körper, die als Zufallsgeneratoren genutzt werden. Ohne Verständnis vom Aufbau der jeweiligen Körper ist es schwierig, Überlegungen zur Wahrscheinlichkeit anzustellen. Deshalb ist eine Unterrichtseinheit, in der Platonische Körper und Inhalte der Wahrscheinlichkeit gemeinsam behandelt werden, durchaus vorstellbar.

Auch bei Aufgaben zum Glücksrad erleichtern Kenntnisse und Vorstellungen zur Symmetrie die Überlegungen zur Wahrscheinlichkeit. Entsprechende Zusammenhänge sollten deshalb bewusst gemacht werden. (vgl. Hasemann / Mirwald / Hoffmann 2008, S. 153). Besonders am Glücksrad, aber auch bei geometrischen Körpern können Flächenvergleiche für das Einschätzen und Vergleichen von Wahrscheinlichkeiten genutzt werden.

Entwicklung allgemeiner Kompetenzen
Erfahrungen aus dem Unterricht zeigen, dass die Behandlung von Aufgaben zur Wahrscheinlichkeit auch ein gutes Feld für die Entwicklung der in den Bildungsstandards ausgewiesenen allgemeinen mathematischen Kompetenzen (Darstellen, Problemlösen, Modellieren, Kommunizieren und Argumentieren) ist. Das bedeutet, dass einerseits Aufgaben zur Wahrscheinlichkeit Potenzial zur Entwicklung allgemeiner Kompetenzen besitzen, andererseits allgemeine Kompetenzen Voraussetzung für das Lösen von Aufgaben sind. Im Folgenden wird auf die Entwicklung einzelner Kompetenzen explizit eingegangen.

Argumentieren
Die allgemeine Kompetenz „Argumentieren" wird in den Bildungsstandards wie folgt konkretisiert:„mathematische Aussagen hinterfragen und auf Korrektheit prüfen, mathematische Zusammenhänge erkennen und Vermutungen entwickeln, Begründungen suchen und nachvollziehen." (KMK 2005, S. 8) Die meisten der in diesem Kapitel vorgestellten Aufgaben fordern zum Begründen der Entscheidung für eine gewählte Antwort auf. Dadurch sind die kindlichen Fähigkeiten des Argumentierens und damit auch des Verbalisierens gefragt. Welchen Sinn hat das? Allein die Entscheidung für einen Zufallsgenerator, eine Spielregel usw. lässt für den Lehrer kaum Schlüsse über die Denk- und Sichtweise eines Schülers zu. Er könnte beispielsweise auch (richtig) geraten haben. Das Formulieren von Begründungen macht das Herangehen des Schülers erst nachvollziehbar. Außerdem fordert es ihn zum bewussten Entwickeln von Vermutungen und Suchen nach Begründungen auf. In der Grundschule geht es sicherlich beim Begründen des Lösungswegs nicht um ein Beweisen im „streng" mathematischen Sinne. Das Beweisbedürfnis der Schüler besteht vielmehr darin, dem Lehrer ihren Lösungsweg und dessen Richtigkeit zu zeigen. Aus diesen Schülerdarstellungen kann der Lehrer diagnostizieren, welche Primärintuitionen oder gegebenenfalls auch Fehlvorstellungen vorliegen. Es ist natürlich nicht zu übersehen, dass die Qualität der Begründungen recht unterschiedlich ist. Vor allem bei jüngeren Schulkindern ist zu beobachten, dass die Verbalisierungs- und Argumentationskompetenzen noch nicht ausreichen, um inhaltliche Überlegungen über zufallsabhängige Sachverhalte genau zu beschreiben. Ferner kann gerade die Aufforderung, eine Argumentation hervorbringen zu müssen, subjektive Fehlvorstellungen provozieren. So äußern möglicherweise Schüler, die beim Begründen nicht auf Wahrscheinlichkeitsvorstellungen zurückgreifen können, Fehlvorstellungen, die ohne substanzielle Bedeutung sind. Vor allem im Anfangsunterricht sollten mündliche Argumentationen im Unterrichtsgespräch eine Rolle spielen. Durch dieses Vorgehen kann der Lehrer ein stärkeres Nachdenken beim Schüler erreichen und so auch Einfluss auf den Lösungsprozess nehmen. (vgl. dazu auch Pfeil 2010 und 2011)

Kommunizieren
Genau wie für den Teilbereich „Daten und Häufigkeit" ist das Kommunizieren auch für den Teilbereich „Wahrscheinlichkeit" als durchgängiges Prinzip zu verstehen. Dafür sollten Lernumgebungen so konzipiert sein,

dass ein gemeinsames Arbeiten möglich ist. In Verbindung mit dem Argumentieren tauschen Kinder ihre Vorstellungen und Lösungswege aus. Beim Präsentieren von Lösungen kann die sachgerechte Verwendung mathematischer Fachbegriffe und Zeichen weiterentwickelt werden.

Darstellen

Für die allgemeine Kompetenz des Darstellens beschreiben die Bildungsstandards folgende Kompetenzen: „für das Bearbeiten mathematischer Probleme geeignete Darstellungen entwickeln, auswählen und nutzen, eine Darstellung in eine andere übertragen, Darstellungen miteinander vergleichen und bewerten.“ (KMK 2005, S. 8)

Die Entwicklung der Kompetenz des Darstellens sollte einerseits eigene Lösungswege der Kinder berücksichtigen, andererseits sollten aber auch entsprechende Angebote für verschiedene Darstellungen zu einem Sachverhalt gemacht werden, die von den Schülern unterschiedlich angenommen und genutzt werden können. Gerade für Aufgaben, zu deren Lösung kombinatorische Überlegungen notwendig sind, gibt es häufig verschiedene Darstellungsmöglichkeiten. Im Folgenden werden einige Möglichkeiten für die Suche möglicher Summen beim Würfeln mit zwei Würfeln gezeigt.

Auflistung aller Zerlegungen der möglichen Würfelsummen in Zifferndarstellung

2	3	4	5	6	7	8	9	10	11	12
1 + 1	1 + 2	1 + 3	1 + 4	1 + 5	1 + 6	2 + 6	3 + 6	4 + 6	5 + 6	6 + 6
	2 + 1	3 + 1	4 + 1	5 + 1	6 + 1	6 + 2	6 + 3	6 + 4	6 + 5	
		2 + 2	2 + 3	2 + 4	2 + 5	3 + 5	4 + 5	5 + 5		
			3 + 2	4 + 2	5 + 2	5 + 3	5 + 4			
				3 + 3	3 + 4	4 + 4				
					4 + 3					

Auflistung aller Zerlegungen der möglichen Würfelsummen mit Würfelbildern

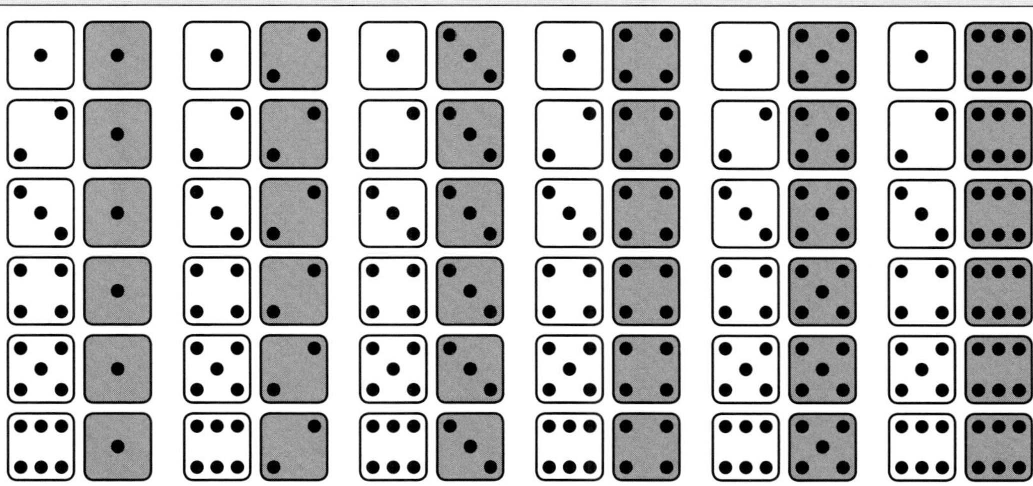

Baumdiagramm

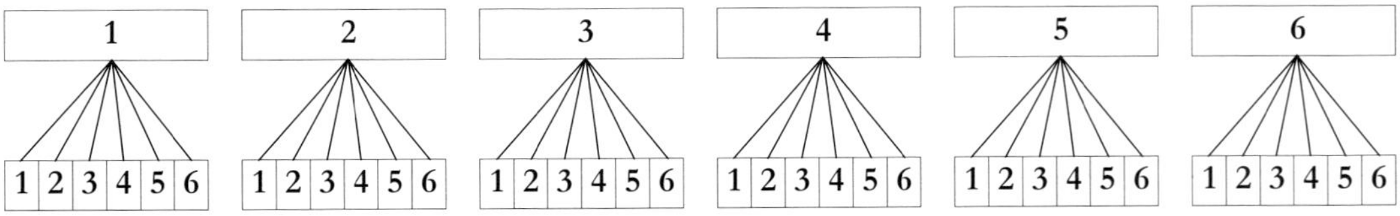

Systematische Aufführung aller Summen in Tabellenform

+	⚀	⚁	⚂	⚃	⚄	⚅
⚀	2	3	4	5	6	7
⚁	3	4	5	6	7	8
⚂	4	5	6	7	8	9
⚃	5	6	7	8	9	10
⚄	6	7	8	9	10	11
⚅	7	8	9	10	11	12

Modellieren

Hans Freudenthal betrachtet die Wahrscheinlichkeitsrechnung als ein „Musterbeispiel angewandter Mathematik“ (1973, S.527), Heinrich Winter bezeichnet die Stochastik in erster Linie als einen Lernbereich, in dem Phänomene der Wirklichkeit mathematisiert werden (1976, S. 23). Nach den Bildungsstandards sollen Kinder bis zum Ende der Grundschulzeit auch die Kompetenz erworben haben, „Sachprobleme in die Sprache der Mathematik (zu) übersetzen, innermathematisch lösen und diese Lösungen auf die Ausgangssituation (zu) beziehen“ (KMK 2005, S. 8). Der uns interessierende Inhaltsbereich hat zufallsbedingte Erscheinungen zum Gegenstand. Mit der Modellierung und Analyse solcher Erscheinungen beschäftigt sich die Wahrscheinlichkeitstheorie. Deren Aufgabe ist die Berechnung von Wahrscheinlichkeiten für das Eintreten von Ereignissen. Auch wenn es in der Grundschule nicht bzw. kaum um das Berechnen von Wahrscheinlichkeiten geht, so nutzen Kinder Modelle, um die in diesem Kapitel vorgestellten Aufgaben zu lösen. Die Modelle sind sicher anders als die sonst in der Grundschule üblichen, meist an der Arithmetik orientierten Modelle. Vielfach bringen Kinder in ihrer Erfahrungswelt außerhalb der Schule angeeignete Modelle mit, die durch die Thematisierung im Unterricht auch verändert werden können. Mitunter kommt es vor, dass im Kopf der Kinder vorhandene Modelle (Vorstellungen) zu empirischen Befunden im Unterricht im Widerspruch stehen.

Zur Konkretisierung greifen wir einige der vorgestellten Beispiele auf.

Beim Würfeln mit einem Würfel sollen die Kinder erkennen, dass die Wahrscheinlichkeit für jede Zahl gleich ist. Hier kann es zu Widersprüchen zur Vorstellung, dass manche Zahlen eine Präferenz besitzen, kommen. Versuchen die Kinder nun das Modell „Gleichwahrscheinlichkeit für jede Zahl“ auf das Würfeln mit zwei Würfeln und entsprechende Summenbildung zu übertragen, so kollidiert dies mit Ergebnissen aus Zufallsversuchen. Ein theoretisches Hinterfragen mittels kombinatorischer Überlegungen führt zu einem neuen Modell, das zeigt, dass sich aus den unterschiedlichen Anzahlen an Zerlegungsmöglichkeiten unterschiedliche Wahrscheinlichkeiten für entsprechende Zahlen ergeben. Bei Aufgaben zum Einschätzen von Spielregeln für den Würfel, finden diese Modelle ihre Anwendung.

Für Vergleiche zwischen Urnen bzw. Glücksrädern wenden Kinder (ohne Vorerfahrungen) das Modell „Vergleich günstiger Möglichkeiten“ an. Auch hier ist ein Anliegen, beim Umgang mit diesen Aufgaben über die Gültigkeit eines Modells nachzudenken und gegebenenfalls zu verändern. Den „mathematischen Höhepunkt“ in der Grundschule in dieser Hinsicht erreicht man sicher beim Anwenden von Proportionalitäten.

Beim Vergleich der strukturgleichen Aufgaben sollen die Kinder die Gleichartigkeit der mathematischen Struktur erkennen und den Lösungsweg (Modell) von der Aufgabe zu einem Zufallsgenerator auf die Aufgabe zu einem anderen Zufallsgenerator übertragen (Analogieprinzip).

Problemlösen

Da Aufgaben zur Wahrscheinlichkeit für die Kinder im Unterricht Neuland sind und auch keine „Standardlösungswege“ zur Verfügung stehen, sind diese für die meisten Kinder Problemaufgaben. Sie müssen nach geeigneten Strategien zum Lösen suchen. Konkrete Beispiele wurden schon an anderer Stelle vorgestellt. Besonders Aufgaben, die mit Hilfe kombinatorischer Überlegungen gelöst werden können, sind ein gutes Feld für unterschiedliche Lösungsstrategien (u. a. systematisches Probieren).

Literatur

Bettner, M. / Dinges, E. (2005): *Stochastik in der Grundschule.* Persen.

Breiter, E. / Pfeil, C. / Neubert, B. (2009): *Das Thema „Zufall" im Mathematikunterricht der Grundschule. Aufgabenvorschläge für die Wahrscheinlichkeitsrechnung.* Sache – Wort – Zahl (102), S. 27 - 30 und S. 35 - 38.

Burggraf, P. (1998): *Pausenunfälle auf unserem Schulhof. Risiken schätzen und berechnen.* Sache – Wort – Zahl (16), S. 17 - 24

Dehn, C. / Mayer, S. / Weisbach, D. / Neubert, B. (2007): *Was ist wahrscheinlicher? Glücksrad- und Urnenaufgaben für die Grundschule.* Grundschulunterricht (2), S. 33 - 36

Engel, A. / Varga, T. / Walser, W. (1974): *Zufall oder Strategie? Spiele zur Kombinatorik und Wahrscheinlichkeitsrechnung auf der Primarstufe.* Stuttgart: Klett.

Franke, M. / Ruwisch, S. (2010): *Didaktik des Sachrechnens in der Grundschule.* Heidelberg: Spektrum.

Freudenthal, H. (1973): *Mathematik als pädagogische Aufgabe.* Bd. 2. Stuttgart: Klett.

Grünewald, R. (1991): *Stochastik in den ersten Schuljahren oder „Was Hänschen nicht lernt, lernt Hans nimmermehr."* Mathematik in der Schule (9), S. 607 - 623.

Hasemann, K. / Mirwald, E. / Hoffmann, A. (2008): *Daten, Häufigkeit, Wahrscheinlichkeit.* In: Walther u. a. (Hrsg.): *Bildungsstandards für die Grundschule: Mathematik konkret.* Cornelsen Scriptor, S. 141 - 161.

Hattermann, M. / Weigel, J. (2011): *Das Zweiwürfelspiel. Anbahnen von Wahrscheinlichkeitsdenken im Mathematikunterricht der 1. Klasse.* Grundschulunterricht Mathematik (4), S. 7 - 10.

Hornschuh, H.-D. / Sewerin, H. (2010): *Pisa-Training. Denkaufgaben zur Stochastik für Klasse 3 und Klasse 4.* Offenburg: Mildenberger.

Hunscheidt, D. / Noffke, M. / Tjardes, C. (2008): *Jens und Lisa auf dem Rummel. Gestaltung eines Forscherheftes zum Thema „Zufall und Wahrscheinlichkeit".* Grundschulunterricht Mathematik (2), S. 33 - 37 und S. 39 - 46.

Klunter, M. / Raudies, M. / Veith, U. (2010): *Daten, Zufall und Wahrscheinlichkeit. Unterrichtsideen zum Beobachten und Kombinieren für die Klassen 1 und 2.* Bildungshaus Schulbuchverlage.

KMK (Hrsg.) (2005): *Bildungsstandards im Fach Mathematik für den Primarbereich.* München, Neuwied.

Kurz, A. / Hoffart, E. (2008): *„Da hat man einen Apfel mehr Glück." Schülerteams lösen Aufgaben zur Wahrscheinlichkeit.* Grundschulunterricht Mathematik (2), S. 29 - 32.

Kütting, H. (1994): *Didaktik der Stochastik.* Mannheim, Leipzig, Wien, Zürich: BI-Wiss.-Verl.

Lehner, S. / Mehltretter, K. (2009): *Kinder entdecken Stochastik. Daten, Wahrscheinlichkeit und Kombinatorik 1. – 4. Schuljahr.* München, Oldenbourg.

Lindenau, V. / Schindler, M. (1977): *Wahrscheinlichkeitsrechnung in der Primarstufe und Sekundarstufe I.* Bad Heilbrunn, Obb.: Klinkhardt.

Löhr, B. (2009): *Sachrechnen – Immer noch ein Kernbereich der Mathematik? Verliert das Sachrechnen an Bedeutung – Ausblick einer Lehrerin.* Grundschulunterricht (4), S. 4 - 8.

Mayer, S. (2008): *Wahrscheinlichkeitsrechnung. Ein motivierendes Thema für die Grundschule.* Grundschulunterricht Mathematik (2), S. 24 - 28.

Müller, R. (2011): *Würfel und Glücksräder. Schülerinnen und Schüler eines dritten Schuljahrs experimentieren mit Wahrscheinlichkeiten.* Grundschulunterricht Mathematik (4), S. 33 - 45.

Neubert, B. (2002): *Grundschüler beurteilen ein Würfelspiel – Ein Erfahrungsbericht.* Stochastik in der Schule (1), S. 25 - 29.

Neubert, B. (2007): *Kompetenzen von Grundschülern beim Bearbeiten von Aufgaben zur Wahrscheinlichkeitsrechnung.* Stochastik in der Schule (3), S. 28 - 33.

Neubert, B. (2008): Leitidee *„Daten, Häufigkeit, Wahrscheinlichkeit" in Schulbüchern für den Primarbereich.* In: Eichler, A. / Meyer, J. (Hrsg.): *Schulbuchkonzepte: Daten und Zufall als Leitidee für die Sekundarstufe I. Anregungen zum Stochastikunterricht, Band 4.* Tagungsband 2006 / 2007 des Arbeitskreises „Stochastik in der Schule" in der Gesellschaft für Didaktik der Mathematik e. V. Hildesheim: Franzbecker, S. 49 - 63.

Neubert, B. (2011): *Welcher Zufallsgenerator ist der Beste? Spielerisch-experimentelle Zugänge ermöglichen theoretische Überlegungen zu Kombinatorik, Zufall und Wahrscheinlichkeit.* Grundschulunterricht Mathematik (4), S. 4 - 6.

Palmersheim, G. (1978): *Versuche mit zwei Beobachtungen: Unterrichtsentwurf für das vierte Schuljahr im Rahmen der Unterrichtsreihe „Zufall und Wahrscheinlichkeit".* Sachunterricht und Mathematik in der Primarstufe (12), S. 554.

Panknin, M. (1972): *Kombinatorik, Wahrscheinlichkeit und Statistik für die Klassen 1 – 6.* Bochum: Kamp.

Perlefein, C. / Eidam, C. (2011): *Darstellen – Arbeitsblätter zur Wahrscheinlichkeit, Kombinatorik und Statistik.* Grundschulunterricht Mathematik 2, S. 38 - 45.

Pfeil, C. (2010): *„Mit welchem Würfel ist deine Gewinnchance größer?" Argumentieren und Verbalisieren zur Wahrscheinlichkeit.* Grundschulunterricht Mathematik (2), S. 18 - 21.

Pfeil, C. (2011): *„Würfeln ist doch Glückssache, oder?" Die Förderung inhaltsbezogener und allgemeiner mathematischer Kompetenzen durch eine Unterrichtseinheit zur Wahrscheinlichkeit.* Grundschulunterricht Mathematik (4), S. 11 - 14.

Radatz, H. / Schipper, W. / Dröge, R. / Ebeling, A. (1998): *Handbuch für den Mathematikunterricht 2. Schuljahr.* Hannover: Schroedel.

Schipper, W. (2009): *Handbuch für den Mathematikunterricht an Grundschulen.* Braunschweig: Bildungshaus Schulbuchverlage.

Winter, H. (1976): *Erfahrungen zur Stochastik in der Grundschule (Klasse 1 – 6).* Didaktik der Mathematik 4 (1), S. 22 - 37.

Wollring, B. (1994): *Animistische Vorstellungen von Vor- und Grundschulkindern in stochastischen Situationen.* In: JMD 15 (1994)1 / 2, S. 3 - 34.